郭文斌解读
《朱柏庐治家格言》

郭文斌 著

黄河出版传媒集团
宁夏人民出版社

图书在版编目（CIP）数据

郭文斌解读《朱柏庐治家格言》 / 郭文斌著.
银川 ：宁夏人民出版社，2025. 6. --（郭文斌作品典藏
）. -- ISBN 978-7-227-08167-8

Ⅰ. B823.1

中国国家版本馆 CIP 数据核字第 2025Z61E29 号

郭文斌作品典藏

郭文斌解读《朱柏庐治家格言》　　　　　　　　郭文斌　著

项目统筹　陈　浪
责任编辑　周方妍
责任校对　陈　晶
封面设计　徐胜男
责任印制　侯　俊

黄河出版传媒集团
宁夏人民出版社 出版发行

地　　　址　宁夏银川市北京东路 139 号出版大厦（750001）
网　　　址　http://www.yrpubm.com
网上书店　http://www.hh-book.com
电子信箱　nxrmcbs@126.com
邮购电话　0951-5052106
经　　　销　全国新华书店
印刷装订　雅昌文化（集团）有限公司
印刷委托书号　（宁）2500667

开本　787 mm×1092 mm　1/32
印张　11
字数　170 千字
版次　2025 年 6 月第 1 版
印次　2025 年 6 月第 1 次印刷
书号　ISBN 978-7-227-08167-8
定价　68.00 元

总　序

郭文斌

非常感谢宁夏人民出版社策划出版这套"典藏本"。

当初和何志明社长商量，这套"典藏本"要和中华书局、山东教育出版社早年给我出版的文集和文集修订本区别开来，重点选择近年出版的、读者"应用度"最高的、对抑郁症疗愈效果最好的、对青少年心理健康帮助最大的。

为此，选择了我的书中最畅销的《寻找安详》《醒来》。这两本书，先后由中华书局、长江文艺出版社出版发行，已经数十次重印。

选择了传统文化作为日课用的。比如"寻找安详小课堂"的班主任张润娟、班委施晓军等同仁，他们把《寻找安详》《醒来》作为早晚课。而班长闫生昌、班委张广主持的全国"寻找安详网络早课"等平台，则是以《郭文斌解读〈弟子规〉》《郭文斌解读〈朱柏庐治家格言〉》为主体读本。

选择了读者反复诵读的，比如宁夏大学的崔金英老师，已经在"喜马拉雅"把《醒来》读了二十多遍，每天读一篇，很少间断。比如北方民族大学的梁馨元同学、河北的杨新华法官，他们在"荔枝"把《寻找安详》读了十几遍，每天读一篇，很少间断。

选择了读者"倒逼"出版的。《郭文斌解读〈弟子规〉》《郭文斌解读〈朱柏庐治家格言〉》《郭文斌说二十四节气》，都是读者根据"学习强国"上传的同名电视节目整理出来的，其中《郭文斌解读〈弟子规〉》先是读者自发印行了内部书，引起反响后，由百花文艺出版社正式出版的。《郭文斌解读〈朱柏庐治家格言〉》也同样。

也许读者会说，《农历》《中国之中》《中国之美》的发行量也很大，被不少学校推荐给师生阅读，被不少家长作为孩子的床头读物，不少篇章被出到考试卷子里，被全国三十个省、自治区、直辖市的"寻找安详小课堂"作为教程。特别是《农历》，因主人公是两个小孩，特别受青少年欢迎。比如，银川十岁的刘一然小朋友，已经在"喜马拉雅"把《农历》读了四十多遍。这几本书却为什么没有收入这套"典藏本"呢？

其实，当初，我们也曾考虑过收入，但后来想，还是突出这套"典藏本"的"快速反应"功能，就是说，《农历》《中国之中》《中国之美》对身处心理困境的读者的帮助是熏陶式的，润物细无声的，不像《寻找安详》《醒来》《郭文斌解读〈弟子规〉》《郭文斌解读〈朱柏庐治家格言〉》见效快。就是说，这套"典藏本"，我们是把它作为"心灵姜汤"来开发的，面对"心灵感冒"，中国人的办法是喝一碗姜汤，出出汗，很快就会好。十三年的全国"寻找安详小课堂"线上线下近百万人次的实践证明，这套"典藏本"，是可以作为"心灵姜汤"来服用的。

需要给自己点赞的是，这次终于下决心把《郭文斌解读〈弟子规〉》《郭文斌解读〈朱柏庐治家格言〉》由口语改为书面语，删去可有可无的字句和段落；对重要知识点，做了增补；对引文和故事，做了核校。总体上更符合语法规范和修辞的准确性。相比口语版，每本书能减少一百页左右，更加匹配小开本。

心里装着读者，修改的过程就充满暖意，感觉每删掉一个字，每精练一个句子，就会节约读者一刹那时间，就非常有成就感。整个过程，充满着感动，那就是老天恢复了我的体力。以前好几次重印，想改，中途都停下了，因为体力不济。因此，与其说是我把这两部书稿改完，还不如说是老天的慈悲。

非常感谢宁夏人民出版社，感谢何志明社长、陈浪老师和他的团队，感谢所有为这套"典藏本"的出版发行付出心血的朋友们。

是为序。

2024 年 10 月 16 日

目　录

第一讲　家国情怀话家风

习近平总书记讲，"不论时代发生多大变化，不论生活格局发生多大变化，我们都要重视家庭建设，注重家庭、注重家教、注重家风"，"家庭不只是人们身体的住处，更是人们心灵的归宿。家风好，就能家道兴盛、和顺美满；家风差，难免殃及子孙、贻害社会。正所谓'积善之家，必有余庆；积不善之家，必有余殃'。"习近平总书记关于家风、家庭建设的许多讲话被结集出版，我在学习的时候深刻地认识到：家风建设不仅仅是家庭建设，不仅仅是个人的修身、齐家，它还关系到国家、民族，甚至人类的命运。所以，我们选择《朱柏庐治家格言》来讲解，就是响应习近平总书记关于家庭家风建设的号召，让千千万万的家庭成为社会和谐、国家兴盛、民族进步的一个切入点。

中国人为什么如此崇尚家国情怀？因为中国从古至今就是一个民本社会，"民为邦本，本固邦宁"，家和国的命运从来就是休戚与共的，家和则国宁，国强家才兴，治国如同齐家，齐家便是治国。明末清初理学家、教育家朱柏庐编写的《朱柏庐治家格言》，既是一部影响广泛的家训，又是一部普及性的家教教材，它充分吸收了程朱理学的思想，以朴实通俗的对韵语言，从勤俭持家、为人处世、德行修养、生命意义等多方面对青少年进行开解和训诫，进而阐明修身齐家的道理，其中的优秀思想对现代人破解家教难题具有很强的借鉴意义。

朱柏庐是明末清初著名理学家、教育家，少年时读书不辍，明朝灭亡后隐居家乡教学，他潜心治学，以程、朱理学为本，提倡知行并进、躬行实践，所著《治家格言》全文六百三十四字，内容简明赅备，文字通俗易懂，朗朗上口，问世以来，不胫而走，成为家喻户晓、脍炙人口的经典家训。其中一些警句如："一粥一饭，当思来处不易；半丝半缕，恒念物力维艰。""宜未雨而绸缪，毋临渴而掘井。"对我们应对世界未有之大变局，更显其现实价值。

前段时间我跟北京师范大学的一位编写教材的教授进行对话，他问我怎么去理解中华优秀传统文化的构成。我说按照我的理解，我们应该把中华优秀传统文化归纳为经典系统、农历系统、家训系统。经典系统随着历史的更迭，会暂时性中断，而农历系统永远不会中断，所以，我用十二年的时间写了长篇小说《农历》。

经典系统有《易经》《尚书》《诗经》《礼记》《乐经》《春秋》，包括《道德经》《黄帝内经》等等。家训系统是千家万户最关心的，因为每一个人都离不开家族这条长长的河流给我们提供的源头的滋养、成长的滋养。

所以，在"寻找安详小课堂"第二十七期公益课里，有一位宁夏大学的研究生问我，为什么现在有许多人不愿意要孩子，还有许多人不愿意结婚？我就跟他讲，原因有很多，但其中非常重要的一条，就是人们对传家的概念淡漠了。以我为例，试想一下，从三千多年前郭家的源头算起，如果这一姓传到我这儿断代了，那之前三千年的祖先会怎么看这件事情？所以，现代人如果像古人那样重视传家，就不会不愿意要孩子了，反而会响应国家政策，生二孩、三孩。所以，我现在常讲，如果传家的概念淡漠，势必会影响婚姻观念和生育观念。如果没有传家的概念，那我为什么要生孩子呢？生孩子确实很辛苦啊，但是当一个人把生命放在长长的家族的河流里去、百家姓的河流里去，他就会理解传家是一件非常神圣并且责任重大的事情，那么再辛苦他也会结婚，再辛苦他也会生孩子，因为我们的生命不是独立的，我们的生命是一条长长的河流。所以，从这个意义上来讲，我们在今天讲家训、讲传家将有非常重大的现实意义。

《朱柏庐治家格言》跟《弟子规》相比，风格不同，更加文学化，"黎明即起，洒扫庭除，要内外整洁。既昏便息，关锁门户，必亲自检点。一粥一饭，当思来处不易；半丝半缕，恒念物力维艰。宜未雨而绸缪，毋临渴而掘井。自奉必须俭约，宴客切勿留连。器具质而洁，瓦缶胜金玉。饮食约而精，园蔬愈珍馐。勿营华屋，勿谋良田。三姑六婆，实淫盗之媒。婢美妾娇，非闺房之福。"你看这种节奏感，这种文学性，它本身就有审美效果。这也是明清以来《朱柏庐治家格言》家喻户晓、妇孺皆知的原因之一。

中国人有挂中堂、挂书法作品的传统，不少家庭都悬挂着《朱柏庐治家格言》的书法作品，把它作为座右铭，用朱柏庐的思想传家兴家。朱柏庐的传家史本身就是一个典范。我们都知道，在明孝宗时代，朱柏庐的高祖朱希周创下了"玉峰夫子"的美誉，跟他学习的人很多，他考中了状元，让当地的文教大兴。到了朱柏庐的爷爷朱筑岩，在一家私塾讲课，人们就很爱听。因为朱筑岩的母亲去世得早，由继母把他抚养成人，他在去世的时候对儿子朱集璜说，你要善待你的祖母，给她养老送终。朱集璜谨遵父命，对他的祖母非常孝顺，后人称其为"节孝先生"。大家一听就知道，"节"是指气节、节操，"孝"，那就不用说了。在当时，一个人能享有"节孝"的称誉，是很大的一种荣耀。

朱集璜成人之后，也在一家私塾教书。清军入关，打到昆山一带，朱集璜就率领他的学生和民众进行抵抗，但毕竟力量薄弱，后来，五十多位门生跟他一起殉国。朱柏庐这时候只有十八岁，他效仿三国时期的王裒，不愿意出仕为官。因为当年王裒的父亲被司马昭杀害之后，他就发誓，一辈子不做晋朝的官员，不做司马父子的大臣。他在父亲的墓边结庐而居，每天抱着柏树号哭，最后把柏树都哭死了。《二十四孝》里面就有王裒结庐攀柏的故事。朱柏庐效仿王裒的节义和孝行，给自己起了一个号，就叫作"柏庐"，他的原名叫朱用纯，字致一，他的父亲给他起这个名字，也是大有用意的，就是希望他能够做一个纯净纯善的人，做一个真诚无欺的人。清军入关，朱柏庐作为长子，就带着一家人逃难，可以说是颠沛流离，辗转他乡，吃尽了苦头。社会安定之后，他回到故乡，也像他的祖父和父亲一样，做了一位私塾先生，干起了教书的事业。

朱柏庐一边修身一边教书。他有一本很著名的书叫《毋欺录》，讲修身的捷径，告诉我们修身最重要的是"勿自欺，勿他欺"，特别值得我们赞赏的是他写的家训读本《治家格言》，后来声誉超过了朱熹的家训。

第二讲　家风建设话家训

　　《朱子家训》有两个读本，一个是朱熹的《朱子家训》，另一个就是朱柏庐的《治家格言》，而现在它的影响力远远超过了朱熹的《朱子家训》，因为它比较民间化，比较落细、落小、落实、接地气。所以，一般人把《朱柏庐治家格言》简称为《治家格言》，也叫《朱子家训》。其实在当时影响已经大大超过了朱熹的《朱子家训》。朱熹对朱柏庐影响很大。朱柏庐的爷爷在教书的时候，就用朱熹的《小学》当教材，大家都知道我们过去训蒙养正的读本之一就是朱熹编的《小学》。所以，朱熹的贡献很大。李毓秀最后定稿的《弟子规》，也是从朱熹的门人手册那儿不断完善而来的。

　　从朱柏庐的传家史中，就可以看出人家历来信奉的是耕读传家。特别是到朱柏庐这里，已经放弃了出仕，他就更加把读书、修身作为人生的第一要义。所以，我们在《朱柏庐治家格言》的后面读到这样的句子："读书志在圣贤，非徒科第。"意为"我不想做官，那我读书就不像曾经的读书人那样，是为了参加科举考试。"他的读书就显得更加纯粹。朱柏庐曾经写过一段描述他和弟子们读书的诗文，非常感人。我每吟诵一次，都会热泪盈眶。他说："荧荧残炮，喔喔鸡鸣。朗吟不辍，促膝相随。非一朝之荣名是勉，乃千秋志节为期。"就是说，晚上点着灯开始读书，一直读到鸡叫了；"朗吟不辍"就是朗诵的声音、吟诵的声音不间断；"促膝相随"大家在一块儿分享读书心得，多么美好；"非一朝之荣名是勉，乃千秋志节为期。"读书不是为了追求一生一世的荣华富贵，而是为千秋的志节来做建构。

这种理想，这种读书，就是纯粹的享受，它回到了耕读传统的原始意义，更加有读书的趣味。因为他没有功利心，是一种忘我、无我的状态，跟古圣先贤是一种纯粹的身心交流，是一种心灵的共振，这就回到了读书的原始意义，回到了孔子讲的"信而好古"，回到了老子讲的"道"的状态，回到了《黄帝内经》讲的"恬淡虚无，真气从之"的状态，因为没有功利心。"寻找安详小课堂"和许多分课堂，每周六有将近一个小时的集体朗读，我每一次参加都觉得很享受。一大伙人在一块儿"共振"，没有任何功利心，纯粹在朗读中享受，那是一种对生命之音的礼敬，用生命发声，在一定的场域共振，那是一种心灵的同频震荡。

九年来，"寻找安详小课堂"没有人组织，没有人动员，但每周大家都如约而来。从七点五十到教室，一直读、诵、看、分享到十一点。大家从读书中尝到了一种其他的生活和工作无法提供的乐趣。这也就是孔老夫子讲的"学而时习之，不亦说乎"，当大家尝到了这个"说"（悦）之后，就会"有朋自远方来"。常常有全国各地的学员坐着飞机，乘着动车，甚至连夜开车来参加一次，来体验、引进课程。由此再理解孔子讲的"学而时习之，不亦说乎？有朋自远方来，不亦乐乎？"就会有新的体会。

我这次讲《朱柏庐治家格言》跟上次讲《弟子规》一样，还是讲它的精神，讲我们在这个特定的时代能够借鉴的部分，能够创造性转化、创新性发展的部分，讲它的原理。我常讲，虽然我们已经进入了新时代，但是阳光没有变，月辉没有变，空气没有变。黄河和长江也没有变。中华文化有一个重大的特征，那就是永远在传承那些精华的部分、核心的部分、不变的部分，将它与时代结合应用到生活中。我在讲《弟子规》的时候讲过"四个用"，就是我们一定要让中华优秀传统文化被人们愿用、好用、常用、广用，那就要求现代人要做好创造性转化、创新性发展的工作，把马克思主义的原理跟中华优秀传统文化相结合，来服务于当下的生活，这是我们这次讲《朱柏庐治家格言》的初衷。

朱柏庐用他的家训给我们留下了宝贵遗产，现代人可以用它的精神进行家庭建设和家族传承，进行企业建设和企业传承。"寻找安详小课堂"的课程开发中，我发现企业家在应用这套课程进行企业文化建设的时候非常有效，而且他们的行动力很强，推动力很强、持久力很强。《朱柏庐治家格言》既有家训的传承力，又有文学色彩，更有审美效果，我每一次朗诵都觉得很享受，那种享受妙不可言。

当一个孩子从小把"一粥一饭，当思来处不易；半丝半缕，恒念物力维艰"作为他的潜意识，作为他的集体无意识之后，他长大就会有节约精神；当他把"读书志在圣贤，非徒科第。为官心存君国，岂计身家"作为潜意识之后，他读书的动力将会大大加强。所以，这一部家训也可以助力于养老，助力于育儿，助力于新农村建设。

这本《治家格言》，非常系统化、立体化。开头和结尾遥相呼应。开篇讲"黎明即起，洒扫庭除，要内外整洁"，结尾讲"为人若此，庶乎近焉。"什么意思呢？就是一个人能做到《治家格言》，他差不多就是一个圣贤了。而成为圣贤，须从哪里做起呢？"黎明即起，洒扫庭除"。这是真正的落细、落小、落实。社会主义核心价值观的个人层面是"爱国、敬业、诚信、友善。"

怎么爱国？很简单，把每一个家庭建设好，就是在爱国，因为"国是千万家"，"国之本在家，家之本在身"。

怎么敬业？但凡到"寻找安详小课堂"听课的学员，他们抢着拖地，抢着擦马桶，钱包放在宿舍不用担心被人拿走，有些志愿者九年不拿一分钱工资，好多人都被那个场域感染了。有一位学员的分享让我很感动，他说，他有一个侄子，每月六千块钱工资，每天二百元，如果他觉得今天干的活对不住这二百块钱，他就要再找活干，否则他就有罪恶感。当大家觉得自己干的活跟工资不对等，产生罪恶感的时候，"不用扬鞭自奋蹄"，敬业的问题就解决了。

怎么诚信？就像在"小课堂"。大家都讲真话，向太太认错，向丈夫认错，向孩子认错，诚信的问题就解决了。

友善就更不用说。"寻找安详小课堂"的义工为了帮助别人，可以说真的到了忘我的程度。有一位博士很年轻，三十来岁，被查出来子宫癌，要动手术，可是她跟先生已经冷战多年，非常恨她的先生，恨到了咬牙切齿的程度。一位同学知道了之后动员他们两位到"寻找安详小课堂"来听课，希望他们在和解之后再动手术，因为这个手术很有风险，术后需要人照料。三天半的班刚刚结束，大家都很劳累，但是当大家听到这个家庭需要帮助的时候，决定马上再开一期，让他们夫妻参加学习。结业式上，夫妻双双认错并拥抱。之后，这位女士去动手术，先生精心照料。出院后，志愿者到她家里去看望，没想到人家夫妻十指相牵跟他们说话。

为了动员这位女士原谅她的先生，我用了将近三个小时的时间，最后，我是用《醒来》这本引用的霍金斯能量级原理，将这位博士讲通的。霍金斯讲，一个人抱怨别人的时候生命能级在一百五十级，原谅别人的时候三百一十级。按照霍金斯的换算，一个人的生命能级从二百级提高到三百级，他的幸福力是九万倍。当我讲到这儿，博士接受劝解，同意和先生一起到"小课堂"，先学习，再动手术。一个家庭因此破镜重圆了。很快，她在单位也筹办起了"小课堂"。

如此，我们就把社会主义核心价值观落细、落小、落实了，让它变得有温度、可感、可借鉴，更感染人。

"小课堂"的结业式从下午一点钟开始，主要是学员分享，常常到六点仍未结束，时间好像消失了。我听完分享，接着回答同学们的问题，常常从一点到晚上十点，都是一种巅峰状态。如果我们把这种状态放大到千家万户，放大到每一个社区，放大到每一所学校，放大到每一个企事业单位，整个社会该是一个什么情景。所以，我这几年在讲党课，讲思政课的时候，常常播放"小课堂"的回顾片。

这是我们用九年的时间不断完善、不断开发出来的。"寻找安详小课堂"人数不多，每一次也只能容纳三十多位学员，加上志愿者总共四五十位。因为课程全免费，不收一分钱，管吃管住，还赠送书籍。大家都非常自觉，没有人抱怨。有许多八十岁左右的老人四五次地参加课程。其中有一位老人分享，在家里坐在沙发上十分钟就腰疼得不行，参加"寻找安详小课堂"课程，三天半都坐得直直的，也不腰疼。可见气场能感染人。

第三讲　黎明即起有生机

　　《朱柏庐治家格言》的第一句："黎明即起，洒扫庭除，要内外整洁。"朱柏庐为什么要从这句话开讲呢？怎么不讲重大的、宏大的主题，而要讲"黎明即起"？这是跟中华文化的重要特征息息相关的。中华文化，它重要的一个认知方式、思维方式、生活方式、行为方式，就是天人合一。既然是天人合一，朱柏庐知道，生命的吉祥如意、家庭的吉祥如意、家族的吉祥如意，一定是从顺应天道而来。所以老子讲："人法地，地法天，天法道，道法自然。"就是自然而然。

　　对于太阳系的生命来讲，我们仰仗的最大的能源就是太阳。而太阳的运行规律就是早晨从东方升起，晚上从西方落下。所以，我们看"黎明即起"，"黎"的古意是黑色。黎明，就是天刚刚亮的时候。这时我们就要起床了。讲的是天人合一系统顺应之道的早起，这是对光明的一种礼敬和响应。强调了人的趋光性，强调了如何正确的开始。中国人讲"以始为终"，没有正确的开始，就没有正确的结束。中国人讲"慎终追远"，也是这个意思。

"黎明即起"就是对阳光的一种礼敬、一种珍重，也是大惜缘。对于太阳系的生命来讲，就是遵从太阳、月亮、地球的运行规则。所以，许多家训都把"早起"作为重要的一条。

曾国藩在家书中写道："家中兄弟子侄，惟当记祖父之八个字，曰：书、蔬、鱼、猪、早、扫、考、宝。""书"是读书；"蔬、鱼、猪"播种菜、养鱼，养猪；"早"是早起；"扫"是洒扫庭院，净化心灵。"考"是祭祀。"宝"是处理好和亲戚朋友、街坊邻居和家族亲人之间的关系。

我这些年讲解中华文化、社会主义核心价值观等内容，有一个基础性的板块就是孝、敬、勤、俭。《论语》讲"弟子入则孝，出则悌，谨而信，泛爱众，而亲仁，行有余力，则以学文。"即讲"考"和"宝"。

如果说"书、蔬、鱼、猪"是生存教育，那么，"早、扫、考、宝"就是美德教育。"早"，作为美德教育的第一条，可见曾国藩祖父对它的重视。曾国藩说，看一个家族能不能兴盛，能不能发达，首先看这家的子侄能不能早起，能不能十年如一日地早起。

《大学》讲："知止而后有定，定而后能静，静而后能安，安而后能虑，虑而后能得。"智慧一定是来自打深井。古人认为，没有定就没有智。心不定，就像风起云涌的海面，就无法完成映照。当湖面特别安静的时候，天空在里面，明月也在里面。所以，老子讲："不出户，知天下；不窥牖，见天道。"为什么呢？因为他的心很安静。我们都知道，生命是全息的。生命既然是全息的，那么，当我们天人合一了之后，就具备百分之百的反应能力，就像雷达一样，能够很精微地捕捉信息。

但是，在传统文化的学习过程中，我们发现有些人今天跑这儿，明天跑那儿，有人甚至坐着飞机满世界地听课，最后一无所获。为什么呢？这个老师讲一套，那个老师讲一套，都好。但是最终，你没形成功夫。我把教育的公式简化为：方向、习惯加功夫。方向确立之后，剩下的事情就是养成好习惯，用一万小时原理，用十年磨一剑的意志力，把它变成功夫。最后一定要落在功夫上，而功夫需要简单地重复。这些年，"寻找安详小课堂"

的许多同学给我们做出了典范。比如说宁夏大学的崔金英老师，已经把《醒来》这本书在喜马拉雅 App 上读了九遍，最近已经开始读第十遍，并说要读一辈子。而七岁的刘一然小朋友，在喜马拉雅 App 上已经把《农历》朗诵了二十六遍。他和他的妈妈合作的那些音频，听起来可感人了，我每天有空就打开听，把它作为"开心药"来吃。

而他们的这些功课，就是通过早起完成的。

从养生的角度来讲，早晨太阳升起天地间充满阳气，傍晚太阳落山暮气开始降临。古人特别重视阳气对生命的滋养作用。大家看小孩子，跟成年人的生命状态完全不一样，让他静静地坐一会儿，他坐不住啊，他小胳膊小腿都要动，为什么呢？阳气足，生发之气足。早起就会接收到这一部分能量。《黄帝内经》告诉我们，春夏秋都要早起养生。养生，养生，养什么？养生机勃勃的那个"生"。早起，是对这一种生机勃勃的"生"的一种共振和响应，本身就具有养生效果。对于一个生命体来讲是如此，对于家庭来讲是如此，对于国家和民族也是如此。因为响应朝气就能蓬勃向上，所谓"朝气蓬勃"。可见，《朱柏庐治家格言》里面藏着深不可测的生命原理。

从一个人的闭环来讲，早起是生命的出发地，对应着不忘初心。古人讲："凡事预则立，不预则废。"早起一天我们不觉得，早起一年就不得了。"寻找安详小课堂"的同学早起读经典，一个个生命景象都变了。而一个孩子每天比别人早起五分钟，把《大学》读一遍，把《弟子规》读一遍，把《朱柏庐治家格言》读一遍，一年下来就成功夫了，生命粮仓里的粮食就要比别人多得多。

从时间管理的角度来讲，早起是珍惜时间、珍惜生命，是对生命缘分的珍重，因为每一天都是不可再来的时空点。珍惜缘分，首先从珍惜每一天开始；珍惜每一天，首先从珍惜黎明早起做起。老子讲："不积跬步，无以至千里。"中华文化有一个重要的特征，从小事做，积小成大。"积小善成大德"，这是中华文化的特征。这是朱柏庐写家训为什么要从"黎明即起，洒扫庭除"开始的原因。

第二句讲"洒扫庭除。""庭"是院子，"除"是台阶。早上起来干嘛呢？先打扫。这一句话有极强的象征性。我小的时候，每天梦乡中就听到唰唰的声音，打开窗户一看，母亲在扫院子，天蒙蒙亮。扫完以后，就进屋擦桌子，擦桌子上的那些香炉。我说："娘，为什么要天天擦呢？一点灰尘都没有啊。"她说："这是你奶奶留下来的传统。"每件家具都擦得亮晶晶的。现代人一般一周打扫一次，一个月打扫一次，可母亲天天如此。当时不理解，后来才知道，那也是家训家规的一部分——"你奶奶留下来的。"从象征性的层面来讲，"洒扫庭除"就是打扫心灵。打扫心灵从什么时候开始？一醒来就开始，工作之前，先打扫心灵。按照古人的说法，带着灰尘工作和生活，也会把灰尘投射给工作和生活。所以，先打扫心灵，再进入工作和生活状态，这是中华民族古老的传统。

一屋不扫，何以扫天下？中华文化有着很强的象征性，我们在做每一件具体的事的时候，都要想到它是心灵的投射。从空间的角度，"洒扫庭除"是对空间的礼敬。我每一次出差离开宾馆时，都要把房间收拾整洁，鞠一躬，再离开。为啥呢？因为这个空间是给我做过服务的，也可以把它看为一个人格化的生命体。古人是把"洒扫庭除"上升到哲学层面来看待的。

当一个小孩养成了早起洒扫庭除的习惯，他到学校一定是个受欢迎的学生。他早早去打扫教室，等老师来时，教室已经很有气场。他到了工作单位，同事一来，他的办公室已经收拾得整整洁洁，给人的感觉就很美好。

所以，《朱柏庐治家格言》的第一句，是从礼敬大自然、礼敬时空、礼敬生命、迎接生机开始。它符合《周易·乾卦》生生不息的原理。从阴阳辩证、阴阳平衡的角度，它从阳开始讲起，也符合中华医理。

太阳系里的生命，最好的阳气提供者就是太阳。太阳，当然是阳气呀。那么早起就是扶阳，就是迎接生机，以此获得朝气蓬勃的状态，再把朝气变为生命力。这是《朱柏庐治家格言》开篇曰："黎明即起，洒扫庭除，要内外整洁。"落在"内外整洁"。家庭能够内外整洁，心灵就内外整洁，心灵内外整洁，就有秩序感。

我这些年在讲育儿的时候，常讲"六个力"：感受力、判断力、行动力、持久力、反省力、秩序力。而这"六个力"，都离不开"内外整洁"。只有"内外整洁"，心灵没有灰尘，像明镜一样，才有高质量的感受力、判断力、反省力；只有"内外整洁"，阻力才小，干扰才小，才有高质量的行动力，秩序力就不用说，更需要"内外整洁"做保障，换句话说，"内外整洁"本身就是秩序力。

生命最怕的就是常常修改程序。比如说我今天睡前编了个程序：明天要六点起床。六点闹铃响了，心想再睡一会儿吧，这就等于修改程序了。修改程序会带来什么危害呢？它会让潜意识无所适从，不知道到底是要执行六点起床那个指令，还是再睡一会儿这个指令。时间长了就乱了，经络就处于一种混乱的状态，时间长了人就生病了。所以，古人讲："诚者，天之道也；思诚者，人之道也。"作为人，再没别的功课，那就是跟天道相应。怎么相应？少修改程序。

《朱柏庐治家格言》，从本质上来讲，也是朱柏庐编了一套程序，让我们在合乎天道的秩序中去高效运转。为什么动车快？因为它有轨道。为什么这个宇宙能够千万年不变地运行？因为太阳有太阳的轨道，地球有地球的轨道，月亮有月亮的轨道，每一个星系都有它的轨道。因为它特别有秩序力，所以能天长地久。

《朱柏庐治家格言》开篇从"黎明即起"讲到"内外整洁"。落到两个字，一个"整"，一个"洁"。因为精要、准确，所以有整体性，能够响应宇宙整体性程序带给它的福利。因为"洁"，没有灰尘，所以它的映照力强、感受力强、判断力强、反应力强、行动力强、持久力强、反省力强、秩序力强。所以，"整"和"洁"是对生命的完美状态的描述和概括。

第四讲　生机同在检点里

　　上一讲给大家分享了《朱柏庐治家格言》的开篇"黎明即起，洒扫庭除，要内外整洁"。说这是对时间、空间、大自然和生命的礼敬和响应，是生命获得生机的一个美好开端。我们对比《朱柏庐治家格言》和《弟子规》的文气结构，就会发现古人读书的归趣。《弟子规》开篇讲："父母呼，应勿缓。"这是人伦状态对"根"的呼应，因为父母是我们的根。《朱柏庐治家格言》开始就让我们向大自然父母致敬。"父母呼，应勿缓"就是"黎明即起"，"黎明即起"就是"父母呼，应勿缓"。从这个意义上来讲，古人读书，古人做功课，都具有相同的规律性。

　　我们再看这两个文本的结尾，《弟子规》最后讲"圣与贤，可驯致"，而《朱柏庐治家格言》最后讲"为人若此，庶乎近焉"。意思是，读书的目的，都是为了回到根本故乡，回到根本桃花源。把握了开篇和结束之后，就知道作者的行文是一个什么样的结构。古人认为一篇文章就是一个生命体，一篇文章就是生命本身，从这个意义上来讲，这就是生命的结构，就是大自然的结构，也是整个宇宙的结构。为什么说"黎明即起，洒扫庭除，要内外整洁"既是对时间的礼敬和响应，也是对空间的礼敬和响应，也是对大自然的礼敬和响应，更是对生命的礼敬和响应？因为古人认为，我们的小宇宙和大宇宙是一体两面，是一个天人合一的结构。所以，中华文化的最大的特征就是整体性。《朱柏庐治家格言》的开篇落在了"整"和"洁"上，"整"就是不缺，"洁"就是不染。"整"和"洁"就是频率一致。为什么在全国看了一圈都很难康复的重度抑郁症患者，在"寻找安详小课堂"能够康复呢？因为它是一个共振场。在"小课堂"中，如果谁的思绪跟我的讲课不同频，我感觉便受到打扰，如果你在想别的事情，就要离开这个场，否则，"整"和"洁"就被破坏了。

有一次，我到蓝态基金会讲完课，听一位董事长的分享，说他每次离开宾馆，都要把房间打扫干净，把被子叠得整整齐齐，就像刚住进去的一样才退房。另一位董事长就说："有必要吗？你走了之后，服务员还要把被套、褥子拆下来去洗，你这不是浪费劳动力吗？"这位董事长说："不浪费劳动力啊，我用一分钟就能搞定啊。"另一位董事长说："不对，一分钟也不应是你干的，况且是没有必要的重复劳动。"主持人看到我在，就把话筒递给我，"我们听听郭老师怎么看待这个问题。"我说："这两位董事长讲得都对，后者是从社会学的角度讲的，确实是浪费劳动力；前者讲得对不对呢？也对，他是从心的收获上去讲的，是从心灵学、人格学的角度去讲的，指向都是正确的，只不过是从不同的层次和方向上去讲的。"大家听完，皆大欢喜。

《朱柏庐治家格言》和《弟子规》一样，它们的归趣都是"圣与贤，可驯致"，都是"为人若此，庶乎近焉"。所以"要内外整洁"，既是物质层面的整洁，也是心灵层面的整洁，它是两个不同的层次。由此，我们就知道，古人做的是真学问。这个"整"和"洁"，是对生命的追求，是一种境界，通过具体的"洒扫庭除"来完成。古人为了保持生命的流畅性，他第一要做到不缺，第二要做到不染，他特别讲究生命的电阻一定要归零，这就是"黎明即起，洒扫庭除，要内外整洁"的价值所在。

接下来，朱柏庐讲，"既昏便息，关锁门户，必亲自检点"，又画了一个圆。从早到晚。如果说"黎明即起"是对生命的开启，那么这句就是给生命画圆。这个"既"在甲骨文里面怎么理解呢？就是一个人吃完饭离开桌子要走了，就是事情结束的意思。"既昏"就是天黑了。"便息"就是休息，"关锁门户，必亲自检点"，古代的中国是一个农业社会，农业社会的一个重要特点，就是超稳定性。不像草原民族，应季而居。这种超稳定性造成了院落生活，既然是院落，就要检查晚上门关得好不好，当然，也有一些地方治理得路不拾遗，夜不闭户，那是另一种境界了，但是，普通人家，都要晚上检验门窗关好了没有。从养成教育的角度来讲，一个人养成了"关锁门户"的习惯，他在每一个生命片段就有一个心理上的习惯性省察。

因为生命也有很多门户，比如说，心灵的门户就是眼睛。古人甚至认为眼、耳、鼻、舌、身、意都是门户，"既昏便息，关锁门户"，就是说一件事情完成之后，赶快把能量的那个口子扎住，不要让它漏掉。因为看的时候，能量从眼睛里漏掉了；听的时候，能量从耳朵里漏掉了；

触的时候，能量从手上漏掉了；闻的时候，能量从鼻子漏掉了；想的时候，能量跟着念头走了。所以，这里其实藏着生命力建设的秘密——现场感，就是要随时随地来检点生命是否有漏洞。

古人认为，一个人养生的最高境界是视而不见，就是看着，又没看；听着，又没听；说，又没说；吃，又没吃。古人曾经讲，我吃了一辈子大米，又未曾吃过一粒米。讲了一个什么境界呢？不动心。就是我在《醒来》《寻找安详》等书里写的，不要让面缸里的面粉出去。面缸里的面粉满着，我们想做长寿的面条就做长寿的面条，想做富贵的面包就做富贵的面包，想做康宁的点心就做康宁的点心，想做善终的蛋糕就做善终的蛋糕。如果面缸里的面粉只剩九十九份了，差一份，要么长寿不够，要么康宁不够，要么富贵不够，要么善终不够，要么好德不够。

在"寻找安详小课堂"的一次答疑中，有一个家长说，现在交通事故这么多，孩子上学她很担心，问怎么消除这种担心。我就给她从三个层面去回答。我说，第一，要让孩子遵守交通规则，养成良好的习惯。第二，希望酒驾少一些，人们心态安详一点，社会治理水平高一点。

第三，要把面缸里的面粉装满，差一份就差一份所对应的生命状态，要么康宁少一点，要么长寿少一点，要么善终少一点，要么好德少一点。

我常讲，现在的家长，今天让孩子上"面条"大学，明天让孩子上"面包"大学，唯独忽略了如何让孩子去上"面缸"大学。让孩子学了"面条"的技术，学了"面包"的技术，却忽略了生产面粉和往面缸里装面粉的技术。

在《醒来》这本书里，我提出了一个见解："上苍按照一个人的心量配给能量，能量的配给是通过缘分实现的。"为什么这个好缘分来找你，没找别人呢？因为你的心量大，心量大，能量就多。面缸大，面粉就多。因为你没有漏，所以面粉是满的，缘分也是圆满的。我在《醒来》这本书里讲的三个原理，读过的朋友知道，第一个是"能量总库"，第二个是"永恒账户"，第三个是"能量坐标轴"。这三个原理如果搞不清楚，我们是很难理解古人留下来的经典的。我告诉大家，每一个人的吉祥如意，每一个人的健康都是由"能量总库"的能量决定的，而"能量总库"里的能量是由"基本工资"跟"岗位津贴"组成的。"基本工资"部分由祖先结转的能量跟我们前一个生命周期结转的能量相加构成，包括祖国给我们的能量，因为我们是五千年文明，根深叶茂。可见，自己是无法掌握"基本工资"这一部分能量的。

那怎么来解决生命的自主性呢？就要靠"岗位津贴"这一部分能量，主观能动性的价值就从中体现出来。用"能量总库"这样一个概念，既强调了继承的重要性，又强调了个人奋斗的重要性，让人摆脱宿命论。这也就是朱柏庐为什么要从"黎明即起，洒扫庭除"讲到"既昏便息，关锁门户"。前面讲开源，后面讲节流；前面讲耕耘，后面讲防漏。我们为什么要过大年？"大年"的那个"年"是什么意思呢？就是稻谷成熟以后穗子垂下来，在这个时候过大年，意味着一个季节的轮回结束了，人们要以节日的形式"关锁门户"，来庆祝，来感恩。"腊月"的"腊"就是合祭百神的意思，感恩的意思。而一个人当他有"关锁门户"的概念，他的反省力就强，因为它会养成"我每一个念头的起和落都是一次'黎明即起，洒扫庭除'，'既昏便息，关锁门户'"，我就会珍重当下的每一个缘分，就会做到珍重每一刻，就不会轻率。

许多生命的悲剧来自轻率，念头起的时候不知道，念头落的时候也不知道，"小偷"进来也不知道，为什么？没养成"关锁门户"的习惯，给"生命的小偷"以可乘之机。

中国传统戏剧结局多为大团圆，课程设计也是这样，哭哭啼啼的课程一定是在前两天，最后那一堂课一定要喜悦，为什么？"关锁门户"的时候不能漏能量。中华经典最关键的都是第一句。《论语》开篇说："学而时习之，不亦说乎？有朋自远方来，不亦乐乎？人不知而不愠，不亦君子乎？"一定意义上，《论语》就是这三句话的展开，后面的所有内容都是来论证这三句话的。《大学》也一样："大学之道，在明明德，在亲民，在止于至善。"讲完了，后面的都是论证这一句话的。生命的意义无非就是"明明德"，然后"亲民"，然后"止于至善"。《中庸》也是："天命之谓性，率性之谓道，修道之谓教。"讲完了。

《朱柏庐治家格言》也不例外，"黎明即起，洒扫庭除，要内外整洁；既昏便息，关锁门户，必亲自检点"。他没有让别人去检点。所以，曾国藩常给他弟弟讲，点名、看哨这些活儿，一定要亲自干，有些事情真的是需要亲自干。

第五讲　天地所赐当敬畏

　　"黎明即起，洒扫庭除，要内外整洁；既昏便息，关锁门户，必亲自检点"之后，朱柏庐讲"一粥一饭，当思来处不易"。这里，作者重点强调了两个字"不易"，就是不容易。我是农民的儿子，我耕耘过、播种过，整个秋冬要为来年春天的播种做准备。要打糖地，要保护墒情，要选种子，要准备肥料。古人种田用的是农家肥，要一担一担地准备肥料，然后播种。风调雨顺还好，如果风不调、雨不顺，就白干了。我也观察过禾苗，破土而出的过程，遇到干旱，你会看到禾苗从干裂的土层突破出来的艰难，有些种子就完不成这个过程。所以，中华民族特别强调对粮食的尊重和珍惜。

　　有人调查美国的企业，能过两代的占百分之八十，能过三代的占百分之十二，能过四代的只有百分之三，为什么呢？第一代人艰苦创业，一把汗，一把泪；第二代人还看一些，还听一些；到第三代，如果家教不严，家风不好，没有人讲，子孙就开始挥霍了。"生而贵者骄，生而富者奢"。生在贵族家的孩子往往骄傲、骄慢，生在富人家的孩子往往奢侈，因为他们生下来就不缺吃不缺穿。清代的政治家林则徐为什么不给儿女留钱财呢？他讲："子孙若如我，留钱做什么？贤而多财，则损其志；子孙不如我，留钱做什么？愚而多财，益增其过。"如果孩子很有智慧，品行很好，还需要你给他留财产吗？留过多的财产，就把他的志向打掉了。"愚而多财，益增其过。"如果一个孩子很愚钝，你留的钱财越多，很可能会让他恃财作恶。

人生无非就是三件事：积福、享福、损福。那么财富是怎么来的呢？孟子讲："出乎尔者，反乎尔者也。"你把你的财富给别人，社会又反馈给你，这就是财富的秘密。但是，孩子不懂，拿财富挥霍、享受、浪费，生命的衰败景象就到来了。所以，司马光在他的《训俭示康》中写道"言有德者，皆由俭来也。夫俭则寡欲，君子寡欲则不役于物，可以直道而行；小人寡欲则能谨身节用，远罪丰家"，反之，"侈则多欲，君子多欲则念慕富贵，枉道速祸；小人多欲则多求妄用，败家丧身。""言有德者，皆由俭来也"，是说一切美德的根本是俭。"夫俭则寡欲"，一个人节俭的话，他的欲望就小，"君子寡欲则不役于物，可以直道而行"。古人讲的君子跟我们今天讲的君子不是一个概念，它指的是贵族的后代。"君子寡欲"，他就能够"不役于物"，就不会被物质绑架。人们为什么会被物质绑架？因为欲望重。贪财就被财物绑架；贪权，就被权力绑架；贪荣誉，就被荣誉绑架；贪色，就被色绑架。"直道而行"比喻路上没有凶险，也指在觉悟的道路上不走弯路。而"小人寡欲"呢，则能"谨身节用，远罪丰家"。小人指的是平民百姓家。他欲望小，就能够"谨身节用"，这个好理解。"远罪丰家"，就不会获罪，过小康的日子。一个人奢侈，就会多欲，君子多欲就会贪慕富贵，"枉道速祸"，就把生命的本意歪曲了，就会通过非常规的手段去追求荣华富贵，结果呢，很快就会遇到灾祸。严嵩、蔡京、和珅，他们拥有的财富比国家的财富都多，结果呢？大家都清楚。小人多欲则往往会"败家丧身"。司马光为什么要讲这些话呢？跟《朱柏庐治家格言》里讲的"一粥一饭，当思来处不易"有什么关系呢？当一个人有珍重一粥一饭的心，这个人就会过敬畏的生活、珍惜的生活、朴素的生活。据说蔡京的一顿饭是一户中等人家一年的收成，他的管家翟谦同样奢侈。有一天，有一个人说，拿鸭舌做汤，味美又养生。翟谦一个示意，每一个人碗里就多了三只鸭的鸭舌。后来有人说，能再添一点吗？翟谦说："我请客，还怕大肚汉吗？"又一个示意，最后一结算，这一顿饭竟然杀三千只鸭子。后来蔡京被贬流放，翟谦也落得无处藏身，最后饿死在街头。

从国家战略上来讲，我们用很少的土地养活了世界上最多的人口，因此要坚决制止餐饮浪费。当然，现在已经实现脱贫，正在建设"美丽乡村"，老百姓的生活水平前所未有的好。但是还有一些国家的人民，缺衣少食。"凡是人，皆须爱"，我们可以用这一份省下来的粮食救助这些难民。因此，"寻找安详小课堂"开班的时候，会放非洲的一些被饿得只剩下骨头的小孩照片或视频，大家就不浪费粮食了。

这句话我从三个层面给大家介绍。第一，从粮食本身来讲，它跟我们的生命是平等的，按照张载的说法，"民胞物与"也好，"万物一体"也好，它也是生命，我们没有理由把一个来到我们生命中的生命辜负掉。所以，古人有句话："吃天食，做人事。"他认为粮食是老天赐给我们的，吃了天食就要做人的事情，不能做非人的事情。还有一种说法："一日不作，一日不食。"奉献跟享受要对等。

第二，从人的安全感来讲，需要珍重粮食。《周易》讲"君子以俭德辟难"，拿俭德来规避灾祸。你看这个逻辑关系多清楚。有俭德，就能规避灾祸。作为品德，节俭对生命的正面影响太大了。司马光以节俭著称。他的儿子在他的教育下勤俭做人，后来成了校书郎，影响很大，跟范仲淹的儿子范纯仁常常在一块儿，他们在一起吃饭的时候，可能就只吃一碗面，但是聊得很好，他们已经摆脱了物质的奴役。在《寻找安详》一书中，我写道，要找到那个不依赖于物质和外在条件的快乐，它就是安详。在《醒来》这本书里，我讲了对生命的进一步认知。什么认知呢？"不可保持的快乐不是真快乐，不可保持的幸福不是真幸福，不可保持的财富不是真财富"。因为爱"出乎尔者，反乎尔者"，"爱出者爱返"，"爱人者，人恒爱之；敬人者，人恒敬之"，"天长地久，天地所以能长且久者，以其不自生，故能长生"，"既以为人，己愈有；既以与人，己愈多"。你越给别人，你就越多、越有。因为古人认为财富在一定意义上就是人气。

为了调节两位企业家的竞争，我曾经讲过一个文学化的原理，没想到一年之后，其中一位企业家来看望我，说就是这个原理，把他解放了。什么原理呢？我说，有个小孩拎着一篮子米在田野里给小鸟喂食，撒出去，小鸟吃了，等小鸟进化成人，就是你的客户。他当年吃过你这一粒米，你不用做广告，他也会来找你买单；他当年没吃过这一粒米，你就是再做广告，他也不会买的，甚至见了你就生厌恶心。有几个人接了你的电话就去买单呢？我讲完之后，其中的一位就听明白了，不争反让，没想到事业发展得更好。亏吃出去了，福就来了，而财富，是福变的。我们的"五福"是长寿、富贵、康宁、好德、善终，而富贵占两福，富才占富贵的二分之一，你给别人一粒米，别人可能还你一百粒米。

第三，"一粥一饭，当思来处不易"，是从心的收获上来讲的，因为你珍惜了一粒米，动了珍惜的心，而珍惜的心就是天地的心。动珍惜念头的这一刻，你的心已经多了一个珍重，而这样的珍重积累到一万个、一千万个，你的生命就成就了。跟你节约水的多少没有关系，而是跟你动了多少次念头有关系。古人考量得和失，主要是在心的收获上。为什么我开篇就给大家把结尾讲了呢？"为人若此，庶乎近焉"，离圣贤不远了，离回家不远了。就是告诉大家，治家格言的所有训谕，都是指向终级价值的。所以，"一粥一饭，当思来处不易"，是让我们体会天地之心。

读过《农历》的读者都知道，六月的父亲和母亲教育五月和六月，首先从培养天地之心开始。《中秋》一章我写到摘梨，父亲留了一只，五月六月问为什么，父亲说，那棵树辛辛苦苦长了一季，我们怎么能不给它留下一只梨呢？这就是感恩心。带着这种心态再吃梨，营养就高了，为啥呢？霍金斯能量级里，感恩的心是五百级，而一个人的能量在五百级，这个人的生产力、健康力、幸福力是普通人的多少倍呀？七十五万倍。同样，学习《弟子规》我们要感恩李毓秀，学习《朱柏庐治家格言》我们要感恩朱柏庐。感恩的这一刻，我们已经获得了幸福。

由以上三个层面，最后归到"圣与贤，可驯致"，就是把生命从低频带到高频。生命是一个不断提升维度的过程。前段时间有一位同志来找我，他的生活、工作、生命遇到了瓶颈，走不出来了，我给他做了心理干预。我说，第一你要知足；第二你要降低生活和事业的标准，因为当你感觉累的时候，说明你已经超标了。更重要的是你的焦虑来自"四堵墙"，哪四堵墙呢？小家的墙，小我的墙，怎么推倒它呢？当你去照顾天下人的孩子的时候，老天就会照顾你的孩子，他一下子觉悟了。他原来的焦虑和痛苦来自什么呢？来自小我的围墙，把他的生命围困起来了。

从范仲淹的"三光"故事中，我们可以看到一个心灵没有围墙的人是什么状态，天圣七年，范仲淹上疏请求刘太后撤帘罢政，归权于宋仁宗，因此被贬为河中府通判，同僚为他送行，称誉"此行极光"，意思是这次被贬出京是极为光彩的事情。明道二年，范仲淹被召回京。这年冬天，因反对废后，与宰相吕夷简辩论失败，被贬为睦州知州，少数同僚送行，称誉"此行愈光"，意思是更为光彩。景祐三年，范仲淹进献《百官图》，批评吕夷简的用人制度，再次被贬为饶州知州。这次，好友送行时称誉"此行尤光"，意为尤其光彩。这就是范仲淹著名的"三光"故事。范仲淹为什么这样做呢？因为他讲"先天下之忧而忧，后天下之乐而乐"。如果给别的官员，不要说被贬，皇帝一不高兴都吓死了。范仲淹那种"无我"的状态，也影响了好多人。

我在《醒来》这本书里面，为什么要反复地讲，上苍按照一个人的心量配给能量，能量的配给是通过缘分实现的。当我们的心量扩展了之后，四面的墙都推倒之后，来的缘分就多，不然只能从门里进，从窗子里进。为什么许多经典让我们把一些固有的概念打掉？孔子也讲"毋意，毋必，毋固，毋我"，因为有"我"，就是一个设限。

第六讲　能量藏在心量里

有一年我在国家干部学院讲了五句话，张润娟同志居然记了下来，我都忘了。我说一个人，要活在什么状态才能幸福呢？"看破的糊涂、清醒的睡着、放下的拿起、给予的获得、无为的有为。"前面的部分是拆墙的，后面的部分是迎接来自墙被拆掉之后的空气、阳光、鸟语花香、诗情画意的。张润娟同志为什么投入一千多万做公益，现在有些人不理解她，认为她真是个傻人，真是糊涂。她也装糊涂。因为她肯定对财富的理解已经把她固有的理解破掉了，看破了。

"清醒地睡着"，一个人装睡，别人是叫不醒的。所以《醒来》这一本书，我本来叫《寻找安详Ⅱ》，但是书稿寄到编辑手上，书后面有一个光盘叫《醒来》，编辑一看说就叫《醒来》。我说还是《寻找安详Ⅱ》好，但是编辑坚持用《醒来》。后来这本书的发行量，有一些赶超《寻找安详》，可见这位编辑是有眼光的。他说现在的人还没有醒透，要赶快醒来。在梦中盖房子，盖多少都是无用功。

接下来是"放下的拿起"。范仲淹为什么成为千古名臣？因为他早就把自我和个人利益放下了，因此他才能拿起国家社稷的重托。"居庙堂之高则忧其民，处江湖之远则忧其君"，"先天下之忧而忧，后天下之乐而乐"。儿子继承了他无我的家风，比他父亲进步更大。范仲淹是参知政事，是副宰相，儿子范纯仁是正宰相。有人专门做研究，范仲淹的子孙后代到清代的时候，相当于今天的部级干部的有七十二位，这才叫"传家"。当然这是古代社会的标准。我们今天理解的传家，当然还有别的内容：把你的精神传下去，把你的理念传下去，把你的爱传下去。因为一个人不放下，是拿不起的。两只手里已经拿着东西，怎么再拿别的东西？

第四是"给予的获得"。真正的获得就是给予，因为你把低频能量变成高频能量；把冰变成水，变成水蒸气；把二维世界的财富变成三维，把三维世界的财富变成四维。而生命多一个维度，诗意和丰富性将增加无数倍。电视屏是二维的，我在电视里讲，你只能看，无法跟我握手和拥抱。为什么大家要跑这么远的路来这里呢？就是跟三维的郭文斌交流交流。由此推理，如果到四维，到更高维那种境界，你无法想象。财富压在那里，事实上是把你的能量压在那里，你就无法从低维到高维。

我没有多少财富，但我有版税。我跟出版社协议，我的版税全部兑换成等价的书捐了。合同上就写明，出版社届时要按我指定的地点往出发书。这些年，已捐了三百万码洋的书。因为我已经知道这个秘密，给出去，才是真正的获得。最可怕的就是没有机会把囤积的财富给出去，生命就结束了，该给予的还没给予，这是最可怜的。生命刚刚结束，儿女们就开始为财产打官司的有很多。

第五句话，"无为的有为"才是真正的有为。就是做好事心里没概念，不要放在心上，不然会被光荣感压垮的。真正的有为是无为。因为在无为状态，你才能放松，只有放松了，才能发挥更好。为什么呢？"人到无求品自高""无欲则刚"。你愿意帮我，我百分之百地回报你；你不愿意帮我，我们各干各的。大家想一想，无求就是无欲。我在《弟子规》的课程里面讲了很大的一个板块，就是抑郁症是怎么造成的。其中一个原因就是父母有强烈的"三欲"：占有欲、控制欲、表现欲。当父母把这"三欲"打掉之后，孩子马上会好转。这是好多学员在分享的时候讲到的。

"甚爱必大费，多藏必厚亡"。我们再细细体会一下，老子的话是不是这个意思呢？因为万物是天地的，如果过多地囤积在你那儿，天地不高兴啊。"天道损有余而补不足"。所以，党和国家在讲"共同富裕"，这是符合天道的。缩小贫富差距，这是对的，这也是中国文化大同理想的折射。"大道之行也，天下为公。选贤与能，讲信修睦。故人不独亲其亲，不独子其子，使老有所终，壮有所用，幼有所长。鳏寡孤独废疾者，皆有所养。"你看，这个"皆"字用得多好，让大家都活，大家都是天地之子。

好多家庭之所以发生悲剧，不是因为父母偏心老大，就是因为父母偏心老二。曹操偏爱曹植。曹丕继承了王位之后，就折磨曹植。为什么呢？当年老爹偏你，今天我收拾你。曹植就写了一首诗，"煮豆燃豆萁，豆在釜中泣。本是同根生，相煎何太急。"所以，中国古典社会家训里面，特别重视平等、平均。

我讲这套课程，希望能助力于国家乡村振兴战略，让大家有传家的概念，有返乡的概念。《记住乡愁》曾经拍过我的家乡将台堡，里面有一位红军寨的董事长叫谢宏义，我常开玩笑，我说这是我们"寻找安详小课堂"的副班主任，因为他当年放下杭州的企业，回到故乡，把整个村子承包下来，进行古典式的开发、乡土式的开发。他接受我的建议，把红色文化跟中华优秀传统文化结合起来办书院。

央视记者采访谢宏义，问他为什么这么干。他说，希望乡亲们在不离土、不离乡的情况下，过上幸福生活。如果有千千万万像谢宏义这样的青年回乡、返乡，带领乡亲们在不离土、不离乡的情况下过上幸福生活，生活又有保障，一家人又不分散，那该多好。

我曾经在山东的一个专门接收留守儿童的学校讲课，令我感动的是，那些老师既要做老师，又要做爸爸妈妈。不然，教育很难进行，父母长期缺席对孩子的伤害太大了。所以，乡村振兴战略对中国很重要，对人类也很重要。习近平总书记这几年强调黄河文明、黄河文化有同样的道理，因为它是中华民族的根和魂。而乡土文化一定意义上也是中华民族的根和魂。人们为什么回到乡村去就那么激动？"寻找安详小课堂"到红军寨办夏令营，我太太跟张润娟、杨霞，她们在那个窑洞里拥抱啊，欢唱啊，那种状态，纯粹是小孩子了。回到大自然里面，回到那种带有田野状态的氛围里面，吃得天然，住得天然，吃着烤的土豆，坐着土炕，人一进去就不由得放松了，状态就变了。我常开玩笑，"老夫聊发少年狂"，我觉得我也年轻了，在那儿蹦啊，跳啊，唱啊。

2020年，宁夏早教协会的贺秀红女士为了开发研学旅行，还把我那个老堡子装饰了一下，选了一些老照片挂在墙上。当一百多位家长去那里研学旅行的时候，他们特别喜欢那些老照片，我看好多人都在翻拍。大家在老堡子里读《农历》，那种状态特别好。这种耕读之美，在城里很难找到了。当人人都能回到这种耕读传统里面去，即便是身在城市，心里也会有故乡，就有传家的概念。

前两天有位宁夏大学的研究生来信，说我倡导还乡，但还不去，怎么办？我说那就要建立心灵的故乡。

《朱柏庐治家格言》要助力于乡村振兴，而助力乡村振兴就要唤醒全社会甚至全人类对农民的尊重、对农业的尊重、对粮食的尊重。

《尚书》"洪范八政"，第一是"食"，第二是"货"。

所以，"一粥一饭，当思来处不易；半丝半缕，恒念物力维艰"的"不易""维艰"，也唤醒人们对农业的尊重和重视，对农民的尊重和重视，对乡村的尊重和重视。因为所有的中华儿女，基因里面、血液里面都有乡土文明的遗传，对回乡具有特别的情感。"一粥一饭，当思来处不易"，这种"不易"，最终要让整个人类都认识到保护耕地的重要性。

古人讲："一夫不耕，或受之饥；一妇不织，或受之寒。"说的是古代社会。我们把它引申开来，就是讲劳动的重要性，引导人们去欣赏劳动者、赞美劳动者。让人知道奋斗的美好、创造的美好、劳动的美好和光荣。有一次我跟闫生昌先生聊天，他说他要通过他的努力，让跟随他的两三千农民工子弟，感受到劳动的荣耀，创造美好生活的荣耀。2018年9月全国教育大会之后，教育方针由"德智体美"四育并举正式发展为"德智体美劳五育并举"，劳动教育成为中国特色社会主义教育的重要组成部分，成为培养全面发展的社会主义建设者和接班人的重要内容。

古人认为，"国奢则示之以俭"，当整个国家的风尚变为奢靡的时候，国家领导人要倡导节俭，所以，大家看到中央八项规定，看到习近平总书记在 2020 年 8 月的重要指示，强调要坚决制止餐饮浪费行为，切实培养节约习惯，在全社会营造浪费可耻、节约为荣的氛围。这种"不易"如果建立在孩子的心中，他长大后会更加重视粮食生产、重视节约，做一个勤俭、感恩的人。

第七讲　物力维艰当节俭

"一粥一饭，当思来处不易。"先从"食"来讲，"半丝半缕，恒念物力维艰"，再从"货"来讲。跟《洪范》"八政"呼应上了，"一曰食，二曰货"。

"半丝半缕，恒念物力维艰"，连一根线都舍不得扔掉。一根线怎么来的呢？棉和麻织出来的。记得小的时候，父亲就拿羊毛和线杆捻线，转转转转，转上一团，捻出一团线来，然后拿两个竹签给我打毛衣，虽然带着羊毛的腥膻味，但穿着很暖和，古代社会就这样，"恒念物力维艰"。炕上没有褥子，父母早晨起来穿衣服的时候，一身的席印，竹席印在皮肤上，一身的花纹。谁家有一个羊毛擀的毡铺着，那就很富有了，衣服都是哥哥穿完的弟弟穿。

"国奢则示之以俭"，一个人有五福，一个民族也有五福，这个我们在典籍里面看到很多，古人一看哪个家族倡导节俭，就能断定这个家族一定能兴盛，看到哪个家族奢侈，就断定这个家族很快要败亡了。

人生无非就是三件事：积福、享福和损福。传家，无非就是积善，"积善之家，必有余庆；积不善之家，必有余殃"。当我自己的一本散文集，起名《中国之中》时，我就认识到走中道的重要性，这也是中华文化的重要特征，它不反对物质生活，但它更注重精神生活，走中道。它不像有些文化，推行极简主义，过苦行僧的生活；也不像有些文化，主张过穷奢极欲的生活，先开发、再治理、再环保，代价很大。

《大学》讲："生财有大道，生之者众，食之者寡，为之者疾，用之者舒，则财恒足矣。"这是我们的经济学，多多地生产，少少地用，快快地生产，慢慢地用，"财恒足矣"。中华民族是一个讲究积福的民族。孔子特别推崇一个人：舜，他说："执其两端，用其中于民。"儒家的心法经典《中庸》讲："喜怒哀乐之未发，谓之中；发而皆中节，谓之和。"而"中和"思想展开来，可以说就是中华文化的体系。

中华文化反对极端，主张中道。所以，曾国藩给他的书房起了个名字，叫"求阙斋"，就是不要追求完美，不要追求极致。曾国藩把太平军打败，有人劝他推翻清政府当皇帝，他不干。按照他当时的实力不是没有可能，可他为什么不干呢？他懂得中正之道。再一个，曾国藩追求的人生境界是圣人境界、圣贤境界。在我看来，在称王和成圣之间，他更在乎成圣，你看他的日记就知道了，他对自己要求多严格。曾国藩应用的就是"中和思想"。

历史上运用"中和思想"的典范，还有一个就是汾阳王郭子仪。说郭子仪，"权倾天下而朝不忌，功盖一代而主不疑"，他辅佐了四位皇帝，唐德宗称他为"尚父"，认为他对唐朝有"再造之功"。

"安史之乱"之前，唐玄宗信用安禄山，给他三个节度使，让他野心暴发，以"清君侧"为由造反。为此，安禄山准备了多年，而唐玄宗到晚年，已经不过问朝政了。安禄山势如破竹拿下了许多州郡，颜真卿和颜杲卿组织军队来抵抗，根本不是他的对手。唐玄宗就启用了在宁夏一带驻军的朔方节度使郭子仪来平叛。

郭子仪很快用他的影响、忠诚、智慧收复了河北这一带。这个时候唐肃宗（玄宗的儿子），不愿意跟着唐玄宗入川，唐肃宗认为一个皇帝如果入了川，就相当于已经亡国了。所以他就离开唐玄宗，到宁夏的灵武称帝，身边只有数千人，又让郭子仪回师护驾。这个时候如果按照个人的利益来讲，好不容易把河北一带收复，获得了非常难得的战略机遇。但是他任何时候都以大局为重，他知道，这时给唐肃宗信心，比守护收复失地更重要，就毅然决然地放弃收复之地，回到灵州来组织兵马，拥戴肃宗，最终取得全国胜利，是不是"再造之功"呢？

奸臣鱼朝恩嫉妒郭子仪的战功，为了牵制郭子仪，在吐蕃再一次造反的时候，派人把郭子仪家的祖坟挖掉，他想郭子仪是个孝子，要么会悲痛欲绝，要么会修缮祖坟，唐朝将面临又一次危机。没想到郭子仪仍然率兵打退了吐蕃大军。六十九岁那年，他还独自一人到回纥的军营劝退敌兵。真的是对唐朝有"再造之功"。

郭子仪的一生给我们演绎了一个字，就是《中国之中》的这个"中"，走中道。别人把他的祖坟都挖掉了，皇帝也为他打抱不平。他怎么说呢？说这不是人祸，是天谴。什么意思呢？他说，我的军队所到之处，也挖过别人的祖坟。这一种中正之气让敌兵佩服他。好多叛将被收服了之后，给他行礼，以此为荣。历史上，像郭子仪这样善终的名将不多，他为什么能享有五福呢？因为他的认知、思维、行动都在践行中庸之道。"中也者，天下之大本也；和也者，天下之达道也。"

这时，再回头看"一粥一饭，当思来处不易"，"半丝半缕，恒念物力维艰"，我们就会体会到，中华民族是一个既注重物质生活，更注重精神生活，既注重人伦层面上的珍重，也注重对天地层面上的珍重的民族。

最后，他想达成的就是一个平等心。我对物如情，我看到一粒米就是生命，看到一丝一线就是生命，心就平等了，心一平等，"人能常清静，天地悉皆归"。"天地悉皆归"，不就是"庶乎近焉"？不就是"圣与贤，可驯致"吗？中华民族惜物、惜食、惜才，既是惜这些物质层面，更是完成人格，完成心灵，向圣贤境界迈进。

功高盖主的郭子仪，为何能善终，我们总结一下：第一，他有全局观念，能为公而损私，任何时候都顾全大局，这是中和思想的一个特点。第二，认为尽忠就是尽孝，《孝经》讲："立身行道，扬名于后世，以显父母，孝之终也。"一个人被皇帝称为"尚父"，成为中兴名将，这种荣誉，那不是荣耀了祖先同时也荣耀了后代吗？第三，永远保持平常心。历仕四朝，几起几落，但永远保持平常心。不恋权势，推功揽过。第四，心地清净，以德报怨，能够化敌为友。

这是我从《朱柏庐治家格言》里讲出来的："一粥一饭，当思来处不易；半丝半缕，恒念物力维艰。"所以，从这两句话我们可以总结出来，"俭德"是朱柏庐重要的价值观，因为它被写在前面，说明朱柏庐懂得生命的奥义，知道一个人的吉祥如意、一个家族的吉祥如意来自积福和惜福。

而范仲淹这些名臣，可以说把俭德践行到了极致。当年儿子结婚，他把结婚的清单拿过来一看，对方的清单里面有一个绫罗帐缦，他就不同意。儿子说这是对方提出来的。他说对方提出来得也不行。儿子说，爸，你就通融通融吧。范仲淹决不通融，说我范家的家风不允许。如果你让她把这个陪嫁过来，我一定当庭焚烧。儿子只得听从他。范仲淹为什么这么做呢？他要给儿子立下节俭的规矩，包括婚礼，也不允许"开口子"，因为古人知道"开口子"麻烦就大了。

他当年在醴泉寺读书的时候，晚上熬一锅小米粥，经夜晾至凝固，用刀分成四块，第二天早晨就着腌菜吃两份，晚上也就着腌菜吃两份。这就是著名的"划粥断齑"。

他的好朋友看不惯，给他钱不要，就给他送来大鱼大肉，结果第二天一看，发霉了，他不动。为什么不动呢？他的朋友抱怨他，他说，如果我吃惯了这些大鱼大肉，那我再吃小米粥，就咽不下去了。受他的影响，后代都以俭德为家规、为家风、为家训。由此，我们就知道朱柏庐为什么以俭德作为重点，作为开篇的部分。因为他认为俭德是天道，因为天地生物很艰难，"半丝半缕，恒念物力维艰"。

我们想象一下，一棵树的长成多不容易，而生命长成更不容易，二十岁需要二十年，不可思议。我常常看着我家的小宝贝，在想，他一晚上才能长多少。一草一木也是这样。习近平总书记为什么要让我们保护黄河、保护长江，黄河和长江的形成也是多么不容易。空气也一样，我们污染了再恢复就难了。现在碳达峰碳中和为什么成为一个时代话题，为什么我们这些年倡导吃"爱国餐"，因为植物性食品碳排放低，也促使我们从天地精神去理解这两句话。

"一粥一饭"，它是个代表，代表所有保障我们生命的一切资源；"半丝半缕"也是代表，代表着所有保障我们生命的物资，所以古人有个传统，物品用坏了补补再用。现代人很少有这个耐心了，现代人是换的思维，用旧了就换。古人是修补的思维，修复的思维，包括夫妻感情。所以，当一个人从小养成"一粥一饭，当思来处不易；半丝半缕，恒念物力维艰"，他对待感情，对待恩情，也会珍重，他会珍重缘分，也就呼应了"黎明即起，洒扫庭除，要内外整洁。既昏便息，关锁门户，必亲自检点"。

用"一粥一饭"和"半丝半缕"来代表天地给我们的赏赐，那么尊重天地给我们的赏赐，不就是感恩心吗？作为一个讲"天人合一"的民族，在传家的时候，肯定首先要讲天地精神，要讲俭德。所以古人讲："俭，德之共也。""历览前贤国与家，成由勤俭破由奢。"所以诸葛亮讲："静以修身，俭以养德。"所以司马光讲："言有德者，皆由俭来也。"都是从俭来的。

我们再算一个账，如果全中国人每天节约一碗米，大家想象一下一年是多少？如果全人类每天节约一碗米，那是个什么情况？所以我们就明白了中华民族为什么讲俭德，俭德是一条重要的回家之路。

第八讲　成由勤俭破由奢

中华文化的一个重要特征，就是特别强调"中和"思想。为了体现这个中和思想，我用十二年的时间写了长篇小说《农历》。"农历"是中华文化非常重要的体系。为什么起名为《农历》呢？因为我认识到，中华民族长期沿用夏历，有那么一段时间推行公历，但老百姓不认账，再后来中国科学院紫金山天文台起草《农历的编算和颁行》，制定了新的历法标准，这就造成了今天公历和农历并行的局面。

现在一说农历，大家都通常会认为这是阴历，这是不对的，它属于阴历和阳历的合历。因为有"农"这个字，我很喜欢。它既注重太阳对人类的影响，又注重月亮对人类的影响。这么做有什么好处呢？它比较辩证，比较中和。

前段时间，有一个朋友被人家骗了五十万元。当时他买了一个东西，人家说他把钱付多了，要给他还回去，他就相信了，把账户、密码都给人家，结果瞬间五十万蒸发了。他哭哭啼啼地跟我说："郭老师，我这几年白干了。"我就给他做心理干预。我说："你就这样想嘛，我这五十万被骗，让我免去一次车祸，免去一次大病。五十万被骗走了，没住院费了，老天就不会让你撞车了，不会让你住院。'祸兮，福之所倚；福兮，祸之所伏。'老子早就讲过了。在阳一面的时候，马上能想到阴；在阴一面的时候，马上想到阳。"人一下子就解放了。

中国人为什么注重天文？因为人文系统是天文系统的投影。伏羲氏当年上观天文，下察地理，一画开天，创造了八卦，是我们文化的源头。我写《农历》，是想把夏历的精神，把夏历所包含的一种中道思想、中和思想，通过中国的十五个传统节日演绎出来。

中华民族大多以大自然的节律为节日。二十四节气，好多也是节日。中华民族还特别重视数字节日，端午、中秋、重阳、上元、中元、下元，都是特定数字，因为我们的祖先认为数就是理。中华民族是一个讲究天人合一的民族，她通过节日来强制性地、礼节性地提醒我们顺应天道。

中华文化讲顺利，祝您出行顺利，祝您事业顺利，我们都没有好好体会，"顺"就是"利"。《弟子规》为什么要从"父母呼，应勿缓"开篇呢？因为父母呼你，你马上应，就是"顺"。《朱柏庐治家格言》为什么要从"黎明即起，洒扫庭除"，"既昏便息，关锁门户"讲起？因为这也是一个"顺"，顺什么呢？顺大自然的节律。太阳起床我起床，太阳落山我睡觉，不对着干。"顺"就是"利"。这就是我们文化的妙。突然有一天，某一个词，会把你带向顿悟。

我们要怎么积福？顺天道，顺人心。"圣人无恒心，以百姓之心为心。"圣人无我，哪里有心？所以，我们党讲，要"全心全意为人民服务"，它的深层的哲学思想是什么呢？张载讲"民胞物与"，他认为整个宇宙是一体，你就是我，我就是你，我顺你就是顺我，我帮人就是帮己。

我这几年捐书就有这样一种感受：当我把几十万册书捐到全国各地的时候，会有一种窃喜，感觉我的生命被别人珍藏了，全国多少书架上有我的书，一想起来就开心。有一次我到石家庄，给三千多位老师讲课，让相关出版社发书，结果书没到，就让"寻找安详小课堂"的同学用特快专递在论坛结束之前发到。他们说特快邮费太贵，但我觉得缘分更重要，坚持让他们发。最后如愿将三千多册书送到三千多位老师手中。

"一粥一饭，当思来处不易；半丝半缕，恒念物力维艰"就是孔子倡导的"恕道"。当人把"一粥一饭"人格化的时候，你就不忍心去浪费它了。

我在《寻找安详》里写到过一个案例：过去，书桌下面的抽屉我会用脚去关，现在就不会了，觉得那样对它不尊敬，我会弯下腰去用手轻轻地关上。关车门的时候，也尽量把它人格化，那个车门就是我的孩子，不要咣一下上去，轻轻地关上就行。大家说这有必要吗？有必要。因为当你人格化地关门的时候，你的心变柔软了。什么是"安"？什么是"详"？到达中和之地。如果一个人进入农历系统，体会到天地精神，他就"安"了，他就"详"了。

"黎明即起，洒扫庭除，要内外整洁。既昏便息，关锁门户，必亲自检点。一粥一饭，当思来处不易；半丝半缕，恒念物力维艰。"这是中华文化天人合一思想在家训中的体现，是我们对时间的响应、对空间的响应、对大自然的响应、对生命节律的响应。我们从"整洁"这两个字中学到，生命要想获得吉祥如意，就必须"整"，就是不缺，"洁"，就是不染。

《朱柏庐治家格言》从"不缺"和"不染"来开篇，接下来讲"既昏便息，关锁门户，必亲自检点。"这里面有一个特别重要的关键词，那就是"检点"。记得我小时候，父亲常说，你要检点一点，检点一点。他在这里通过一个很具象的"关锁门户"来象征，让我们在生活的时时处处，能够检点自己。然后通过"一粥一饭，当思来处不易；半丝半缕，恒念物力维艰"，讲了中华文化的惜缘思想、珍重思想，把每一个缘分用足的思想，也讲了对天地的礼敬，因为万物由天地所造，珍惜万物就是礼敬天地。

除过对"一粥一饭"要珍惜、要珍重，对"半丝半缕"要珍惜、要珍重，也要珍惜感情、珍惜亲情、珍惜天伦之乐和一切美好的姻缘。

前不久，在张皓和子琰的婚礼上，我给他们讲了六个"地久天长"：礼敬祖先的婚姻地久天长，爱国的婚姻地久天长，孝亲的婚姻地久天长，尊师的婚姻地久天长，积善的婚姻地久天长，惜缘的婚姻地久天长。前面五个我就不展开说了，这里说说"惜缘的婚姻地久天长"。

婚礼上，我挑了两本书，一本是《农历》，一本是《醒来》，向他们签题祝福。中国人以红色为喜庆，这两本都是大红封面。更重要的是《醒来》中有篇文章《情缘是一道升级题》。文章中讲，地球上有近八十亿人，一个男子跟一个女子相逢的概率有多大呢？八十亿分之二。八十亿分之二的概率，大家想一想，这两个青年迎面走来，快要遇上了，旁边有一个人咳嗽一声，他一回头，一走神，就错过了。在那一刻，那个人没咳嗽，你才能遇见。而遇见不等于相知，相知才能相爱。那相爱的概率有多大？"君生我未生，我生君已老"，你生下来的时候我还没有出生，等你出生，我已经老了，我们两个就没有缘分；而如果你生在美国，我生在中国，概率就更小了。即便生在同一个国家，同一个时期，从相知到相爱的概率又有多大？这样一想，你就知道夫妻的缘分是多么盛大。

中国人结婚的时候一定要贴对联，横额一般都是"天作之合"。背后深藏着感恩和惜缘。现在许多婚礼都不请祖先，大家想一想对不对呢？现在农村还保留着这种古礼。孩子结婚的时候，爸爸要去上坟，请祖先，有两个司仪，很庄严地主持上香礼，每一个嘉宾来，先向这一家的祖先行礼，以示祝贺。这样的婚礼，会提醒一对新人珍惜天赐的缘分，不要轻言分手。

第九讲　节俭最能积福气

　　《农历》这本书，当时上海文艺出版社都要开印了，我又要回来，复印好多份让家长看，谁看着哪一句不适合他的孩子读，我就把它删掉或者修改，这样来来回回改了六次。今年上市的这个版本，我修订的时候又画了不少红。我爱人说，你这样校对、修订，还不如新写一本呢。为什么要这样干呢？因为要把缘分用到极致。所以，珍重的思想、惜缘的思想，我们在"一粥一饭，当思来处不易。半丝半缕，恒念物力维艰"这句话里面可以展开无限的联想。

　　如果能够把"一粥一饭"人格化的话，我们对粮食的态度，对一粥一饭的态度就变了。如果把大米视为一个生命，那你想，它要经历脱壳的疼痛，还要把自己置于一百摄氏度的沸水中，疼不疼呢？而且我们剥夺了人家继续繁衍的机会，人家是个种子，应该还有人家的子子孙孙。但我们让人家的繁衍中断了，古人把这种悲壮叫牺牲。我们怎么能不带着感恩的心去食用每一粒米？而吃完这样的每一粒米，我们怎么能不带着感恩心去生活、工作和奉献呢？

范仲淹每一次领工资后，都惭愧地说，我干的活儿，配领这么多工资吗？我们都嫌工资少，他嫌工资多了。所以他要加倍地干，拼命地干，他认为这样才不欠账。不欠谁的账？天地的账。一个人只有这样理解工作生活，才能真正地敬业。前段时间我那位好朋友说他的五十万被骗，他说我这几年白干了。我说你这句话就错了，难道你干这几年就是为了这五十万吗？那我这些年几百万码洋的书捐出去，我等于白写了？这概念不对，捐出去了才真正是你自己的。因此，我给这位朋友说，你应该把这几年视为奉献、回报，而不应该把它对等成五十万元工资，这样我们才能真正对得住天地的这一份恩情。

全球每年约有三分之一的粮食被浪费，总量约十三亿吨。这些粮食分摊到每一个中国人头上，该是多少？餐饮浪费现象触目惊心，令人痛心，要求坚决制止舌尖上的浪费。

世界七十六亿人口中，还有八亿人面临饥饿，相当于世界上每九人中就有一人挨饿。所以，"寻找安详小课堂"把每天吃的饭叫爱国餐。从这个意义上来讲，不但是爱国，而且是爱全人类，对不对？因为节约下来的每粒米都意义重大。

我国每年浪费粮食约三千五百万吨，接近于中国粮食总产量的百分之六，那可是粒粒皆辛苦啊，我国餐饮业人均食物浪费量为每人每餐九十三克，浪费率为百分之十一点七。光盘行动的意义大家就知道了。在我国大型聚会食物浪费率达百分之三十八，学生盒饭有三分之一都会被扔掉。所以，我特别赞成国家严查餐桌上的浪费。据测算，2015 年，中国城市餐饮业仅餐桌食物浪费量为一千七百万至一千八百万吨，相当于三千万至五千万人一年的食物量。而世界上每九个人中间有一个人挨饿。所以，节约粮食的片子学校要多放。

"国奢则示之以俭"。当一个国家开始盛行奢侈之风的时候，国君就要提醒并出台政策来校正这种奢靡之风，历朝历代的明君都会这么做。《朱柏庐治家格言》中的"一粥一饭，当思来处不易"，意义就很重大。《孝经》

讲："高而不危，所以长守贵也；满而不溢，所以长守富也。"一个家庭这样，一个民族也是这样。怎么做到"高而不危""满而不溢"？就是我在上一节内容里反复给大家唠叨的一个字"中"，让大家时时刻刻保持中道。怎样才能"长守富"呢？"满"而"不溢"。之前讲过面缸原理，长寿是面粉变的，富贵是面粉变的，康宁是面粉变的，好德是面粉变的，善终是面粉变的，我们"德行"面缸里的面粉如果是满的，就可以"长守富"。

古人也讲："有百世之德者，定有百世子孙保之；有十世之德者，定有十世子孙保之；有三世二世之德者，定有三世二世子孙保之。""德"和"世"，它们是有逻辑关系的。由此，我们就能理解林则徐为什么说"子孙若如我，留钱做什么？子孙不如我，留钱做什么？"你就能明白，古人看的是能传多少代，而不是我这一世能积累多少财富。朱柏庐在他的文章里讲"非一朝之荣名是勉，乃千秋志节为期"。古人看的是千秋大业。我们录节目、写书，往长远讲也是千秋大业。我们共同来完成一个课程的录制，这也是一种文化的长寿，是我们对祖先的礼敬。朱柏庐是什么时候的人呢？明末清初，传承他的智慧，也是对祖先礼敬。所以，老子讲"金玉满堂，莫之能守"。什么能守得住呢？"为往圣继绝学，为万世开太平。"什么能守得住呢？习仲勋在最后的日子里对子女说："我没给你们留下什么财富，但给你们留了个好名声。"我们都有这样的经历，出去办事儿，人家很漠然，当你提起你爸是谁，你妈是谁的时候，人家的态度马上变了，这时候你就知道，祖上给我们留下的什么最宝贵呢？是好名声。那么，好名声来自什么呢？做好人啊，如果不帮人，哪里有好名声？所以习老的一生给子孙后代留下的就是这样的一种美德，这才是传家之宝。

第十讲　未雨绸缪豫则立

接下来朱柏庐讲："宜未雨而绸缪，毋临渴而掘井。"如果说前面讲的是中国人的天地精神，是中国人特定的时空观、宇宙观、资源观，那么这句就是讲中国人的忧患意识，讲中国人的"豫则立"的思想。"绸缪"是缠缚、捆绑的意思，"未雨绸缪"，是说趁着天还没下雨，先把门窗绑牢。"毋临渴而掘井"，等口渴了再去挖井，来不及了。这一句话是典型的中国思维，不像有些国家是借贷思维，没钱了，就先去借贷。中国人不是，中国人是未雨绸缪的思想，再富，再有权，再有名，都有一种忧患意识。

为什么在"一粥一饭，当思来处不易。半丝半缕，恒念物力维艰"之后，讲这一句话呢？它是有内在联系的。为什么每年的一号文件是关于"三农"的？为什么讲土地红线不能突破？为什么不断强调粮食安全？因为等到没粮食吃了，再给十四亿人找一口饭，那就不容易了，那就要出人命。所以从资源这个角度来讲，我们要"未雨绸缪"，从粮食安全的角度来讲，我们要"未雨绸缪"，早做打算，早做准备。

对应在教育上，孩子在母亲子宫里，就要进行胎教，要听德音雅乐，色不正不看，音不正不听，席不正不坐。我们的祖先早就认为母子一体，现代科学也讲潜意识共享，而在我看来，正确的教育，应该从谈恋爱就开始。《颜氏家训》讲"教妇初来，教儿婴孩"。孩子小的时候就要教，小的时候不教，长大再教，只能增加他的怨气。太太刚进家就要教，如果等过一段时间再教，已经晚了。

我个人认为，谈恋爱的时候，就要做好筛选工作。在《寻找安详》一书中，我写过一个女作者谈恋爱的故事。一位女作者遇到难题，两个小伙子追她，怎么选择呢？她犹豫不决，来找我。我说你去考证，谁最孝敬老人你就嫁给他。为什么呢？一个人如果不爱给了他生命的父母，却信誓旦旦地说会爱你一辈子，逻辑上讲不通。《孝经》讲，"不爱其亲而爱他人者，谓之悖德；不敬其亲而敬他人者，谓之悖礼。"老板选员工也要这样选。

过了一段时间她又来找我，说这两位都很孝敬老人，怎么办？我说你去考证谁最尊敬老师，就嫁他。因为古人认为，人生有两大恩情，一个是生恩，一个是教恩。所以古人把老师叫"师父"，那个"父"是父亲的"父"，不是今天讲的工人师傅那个"傅"。孔子去世之后，他的学生为他守墓三年。而子贡，最忙的人居然为他守墓六年。子贡是儒商、外交家、资本家，最忙，他居然给孔子守墓六年，这是对的。因为父母给我们血肉之躯，老师给我们智慧之躯。一个人不敬师，他不会敬他的妻，也不会敬她的夫，因为敬师的心和敬妻敬夫的心是一个心。

过了一段时间她又来找我，说两个人都很尊敬老师。我说那你去让他单独请你一顿，你看谁把盘子扫得最干净，就嫁给他。为什么呢？前面讲了，从一个人对待饭菜的态度，可以看出来他是否有一颗珍惜的心，珍惜粮食的心，跟珍惜你感情的心是一个心。我的师公，已经八十岁了，一次，我到他家，看到他身上的毛衣，都烂得不像样子了，我说："我的老师不给你买新毛衣呀？"他说："不是，不是，新毛衣多得是。"我说："那你怎么穿这么旧的毛衣呢？不怕给我的老师丢脸吗？"他说："穿出感情来了，舍不得换。"我开玩笑，连一件毛衣都舍不得换，还能轻易换太太吗？同样是一颗舍不得的心。

过了一段时间这位女作者又来找我了，说，郭老师，他们盘子都扫得很干净，怎么办？我说那你去考证谁的父母最孝亲、最尊师、最节约，你就嫁给他。她说，如果他们的父母做得都一样好呢！我说，那你就考证他的爷爷奶奶，因为中国人讲"根深才能叶茂"。如果按照我前面讲的"能量总库"的原理，他的祖上的德越厚，子孙得到的余庆就越多，这就是《周易》讲的"积善之家，必有余庆"。王阳明的祖先，可以追溯到王羲之，你说多远。颜真卿、颜杲卿，为什么那么优秀？源头在哪里呢？是孔子的得意弟子颜回，写《颜氏家训》的颜之推这一脉。所以古人谈婚论嫁，特别注重"查档案"。

真正的教育要从谈恋爱开始。那不是两个人的事情，是传家的大事。一个女子在她的原生家庭，她都把习惯养成了，嫁给你，你再教育她，有效果，但难度太大。那么再往前推，就要办妈妈课堂，对吗？孩子生下来就要开始教育，在胎中就要教育。《文子》讲："生而贵者骄，生而富者奢。故富贵不以明道自鉴，而能无为非者寡矣。"什么意思？生在贵族家庭，这个孩子一般容易骄慢，生在富贵家庭，这个孩子一般容易奢侈。如果这些后代，没有明道来做照鉴、约束、提醒，能不为非作歹的太少太少了。

古人看得很清楚，权力、财富、名誉，如果没有道德驾驭，它是双刃剑。很多富二代就在这方面吃了亏，很痛惜。第一代的徽商当年创业艰难到什么程度？节俭到什么程度？一个馒头一包咸菜就是一顿饭。这种习惯养成之后，即便拥有了财富，也仍然坚持。但是，第二代、第三代就衰掉了。而有许多徽商，他们能够把家族资本、家族实业，传十代以上，靠的是什么呢？用明道来自鉴，用家训、家规来约束、来提醒。你看范仲淹严格到什么程度？儿子结婚，对方要陪嫁一个绫罗绸缎帐幔，他都不同意，有点过分了吧，但范仲淹说不行，为啥呢？不能"开口子"。儿子说通融通融吧，范仲淹说，不行，如果你真让它陪过来，那我就会当场烧掉，干吗呢？维护家规的严肃性。有人统计，范氏传到清代，子孙后代部长级的人物有七十二位。原因是他们有一套机制来维护家族的福气，永不漏失。这也就是《孝经》讲的"高而不危，所以长守贵也；满而不溢，所以长守富也。"古人讲得多好，"满而不溢""高而不危"。可见中国人的教育观，是颜之推所讲的"教妇初来，教儿婴孩"。

古人认为，教育孩子要"易子而教"。"因严以教敬，因亲以教爱"，我的儿子你教，你的儿子我教，为啥呢？"易子而教"，不会影响父子之亲，而一切伦理的基础就是父子之亲。整个伦理都是由父子之亲来维系，如果父子、母子之间的"亲"没有了，这个家庭的幸福感就打折扣了，孩子的幸福感就打折扣了，事业再发达，他找不到幸福感。而幸福感的背后是什么呢？安全感。"亲"没了安全感也就没了。所以古代社会一般的分工，爸爸是严父，妈妈是慈母。因为颜之推讲过："父子之严，不可以狎；骨肉之爱，不可以简。简则慈孝不接，狎则怠慢生焉。"啥意思呢？就是父子之间不能过度地亲昵，因为亲昵了，威严感就没了，威严感没了，势能就没了，势能没了，教育的效果就没了。所以，古代教育，一般唱"双簧戏"，孩子不听话，妈妈说："小心你爹来收拾你。"无论爸爸收拾不收拾，妈妈这句话会起效果。我们家是转了个过儿，小家伙拿着手机不放的时候，我说你妈来了，他马上就紧张了。

孔子曾经讲过一句话，被好多人误解，认为这是孔子不尊重两类人，他说"唯女子与小人为难养也"。好多人认为这是在歧视女性、歧视小人，他当时指的那个"小人"就是小孩儿，就是跟君子相对的小人，也是跟年龄相比的小人，为啥呢？对他严厉，他会抱怨你，但跟他一亲，他就"上头"，很难把握度。

"骨肉之爱，不可以简"，这个"简"就是把必要的一些礼仪省略掉。《弟子规》里面讲，"出必告，反必面"，这个可以省略吗？不可以。一个孩子进门就能叫一句，妈我回来了，爸我回来了，出门能说爸我走了，妈我走了，意义重大。时间久了，他的孝心就起来了。中国人讲"礼仪、礼仪"，有时候礼通过仪来体现、来强化，礼和仪是一体两面，互相促进，互相成就，互相完善。不管时代怎么变化，不管仪怎么变化，礼的核心都不会变，因为礼是古人按照天地精神总结出来的，而不是自己创设的，所以我们的祖先很厉害。

羊吃奶的时候，不可能趴在娘背上去吃，它一定要跪下才能吃到奶。跪乳，这是礼仪。"狎，则怠慢生焉"，为什么老师在外面讲课，大家见老师时那么恭敬，回到家就找不到这感觉呢？因为家里人跟你太近了。颜之推经历了几个朝代的灭亡，搬了好多次家，最后他发现，家财带不走，院落带不走，金银财宝带不走，能带走的只是人的生存能力和品格，他把家庭教育核心的部分抽出来写。所以他们家就能出现颜真卿、颜杲卿。颜真卿最后被称为"太师"，皇帝的老师。在郭子仪那个时代，那简直是人人敬仰。

所以，中华民族，是一个讲"未雨绸缪"的民族，讲"毋临渴而掘井"的民族，体现在教育上，就是他认识到所有的事业，最重要的就是育儿。而育儿呢，特别强调胎教、幼教、童蒙养正。多少年用的是朱熹编的《小学》，《小学》就是教如何做人。朱柏庐的父亲、祖父，当年教私塾就用这个教本。

"宜未雨而绸缪，毋临渴而掘井。"这是中华忧患思维，因为我们的文明是乡土文明，乡土文明具有超稳定性，但也有柔弱性。因为是耕作的民族，不像那些草原民族，很彪悍。中华文明主体上以中和为主，以战略防御为主，所以，"长城思维"就诞生在我们这个国度。

第十一讲　曲突徙薪文教兴

　　郑和下西洋那个时代，我们的国力已非常强盛，但我们没有扩张，我们送出去的是友谊、和平，因为我们的文明趋于中和，因为我们是农耕文明，不是马背上的民族，不是海洋文明，是黄土文明。既然是农耕文明，我们就要面临着自然灾害、天灾，怎么办？按古人思维，一家人至少要备下够三年吃的粮食，才有安全感。

　　这也影响了中国人的财富观，中国人一定要在银行里存一定的钱，再做别的事情。前段时间我跟一位银行行长聊天，他的一番话对我很有启发。他现在退居二线。我问："你现在每天都在干什么？"他说："学着听听课，理理财。"我说："你还理财啊？"他说："没事儿嘛，理一理。"我说："听说理财很危险呀。"他说：

"我是这么想的，留三分之一的钱养老，留三分之一的钱做稳健的投资，留三分之一的钱做高风险投资。"这就是典型的中国人的思维，不会把这三份都拿出去理财，也不会借贷。这是一种"未雨绸缪"的思维，等渴了再打井就来不及了。

还有一个重要的理念，就是在做人、为人处世上，讲求自自然然，而不是临时抱佛脚。我就是这个理念，多年不找我的人突然打电话让我办事儿，我肯定会找理由推掉；平常就是好朋友的，他不说我也要帮他。中国人的为人处世讲求自然，"宜未雨而绸缪，毋临渴而掘井"，因为等下雨再修房子，等渴了再打井，就是功利思维。真正留给子孙后代的福利就是帮人，你现在帮人，到你的子孙时代，需要帮忙的话，哪一个你帮过的人不愿意帮他们呢？人心都是肉长的。我出去讲课，每每遇到孔子的后代就特别地礼敬，他的后代享谁的福呢？享他的祖先的福，人家家里出了一个夫子。

关于这一块，我为什么要挑出教育来重点给大家做介绍，因为我越来越意识到，所有的问题都是教育问题。关于节约粮食的教育多了，孩子就不浪费了；为什么明天就要离婚的夫妻到"寻找安详小课堂"学三天半之后就不离了呢？还是教育；我曾经跟监狱里的服刑人员通信，这些服刑人员出狱之后在社会上做事比别人做得还好，都跟教育有关。

因为我们是讲家训，所以我们要重点讲教育，"宜未雨而绸缪，毋临渴而掘井。"等孩子得上抑郁症再治，真的太难了。我常讲，我们要有一种思维，用三年的时间换得三十年的平安，要动员妈妈在前三年多陪孩子。因为我们这些年在干预抑郁症的时候发现，但凡抑郁症都有一个共同的点：孩子三岁前、六岁前缺失母亲陪伴，这三年我们欠下的账要用三十年还。

这是"宜未雨而绸缪，毋临渴而掘井"，我们从教育上做的阐述。

如果联想起来看，我们可以把它联想到家族，联想到民族，要早做家族发展的规划，包括民族发展。我们国家有一个特点，五年、十年、百年都有规划，因为没有前瞻性，就要走弯路。河水污染了再治理那就难了；耕地板结了，酸化、碱化了，再要恢复它的墒力，就太难太难了。古人早就意识到"治世之音安以乐""乱世之音怨以怒""亡国之音哀以思"。从一个民族、一个国家的审美，我们就看到这个民族、这个国家是将兴，还是将衰，还是将亡。

当年大臣箕子看到商纣王开始用象牙做的筷子吃饭的时候，他就预言商朝要灭掉了，为什么呢？古人有见微知著的能力，当一个国王用象牙做的筷子吃饭，他肯定要把碗换成相匹配的，碗筷换了桌子就要换，桌子换了房子就要换，房子换了宫殿就要换，礼乐、仪仗一切都要换……果然，商朝不多年就灭亡了，所以，拒腐防变也要"宜未雨而绸缪"。

我们看许多落马官员的忏悔录，常常是因为第一个红包的防线没守住，没有做到"宜未雨而绸缪"，觉得无所谓，侥幸一次，结果就完蛋了。因为第一个红包一收，就已经被别人绑架了，下次人家约你你见不见？不见人家告你，见吧，第二个要求又提出来，再也没有刹车的机会了。

一个君子如果有俭德，他就不会被物质所奴役，"可以直道而行"，就不会"枉道速祸"，招致灭顶之灾。《周易》讲"君子以俭德辟难，不可荣以禄"，是说君子靠俭德可以规避掉灾难。因为一个人有了奢侈的概念，就有欲望，有了欲望，就会为满足欲望而去做一些超常规动作，而超常规动作能安全落地的少之又少，蔡京、和珅这些人就是例子。而小人有俭德，他就能"谨身节用，远罪丰家"，如果小人把握不好，没有修出来俭德，很可能会"败家丧身"。我们就会理解古人为什么说"俭为德之共"，是所有美德的第一美德，因为老子早就发现万物是天地的，节俭就是对天地的致敬，而对天地的致敬，"天地所以能长且久者，以其不自生，故能长生"。

老子讲："金玉满堂，莫之能守。""为而不恃，长而不宰。""甚爱必大费，多藏必厚亡。""天之道，损有余而补不足。"都是反复地提醒我们：我生产，我自己不享用、不占用，我创造，我奉献，但我不享用，干什么呢？惜福啊，把福气结转给子孙后代。这样一想，我们就知道"宜未雨而绸缪，毋临渴而掘井"也相关到一个民族的兴衰，它是一种思维方式、认知方式，它最后会变成人的行动力，就是忧患意识，居安思危。

我这几年在讲课的时候，常讲要早早地培养孩子的后果意识，一事当前，马上要想到它可能的后果。比如，睡觉前我会提醒小孩把床头柜上的杯子拿掉，以免开灯时打翻，把书弄湿。所以让小孩从小做每件事都想到后果，其实也是一种"宜未雨而绸缪"的做法。对此，养成习惯很重要。比如，出门时，不管拿没拿钥匙都要再检查一下，养成习惯，让潜意识形成条件反射。

一个人养成后果意识，将受用无穷。别人约你，你要想到下一步是什么后果。小时候，父亲常说检点检点，所以在交人上我很慎重，没有造成不良的后果。

有一次也算是一个教训吧，有一个亲戚让我给他想办法贷五千块钱的款。那个时候我的月工资才一百多块钱，我说我在哪里给你贷款，我就出去向朋友借。亲戚说他要给儿子买一辆拖拉机，这样他就不出去混社会了，就会留在家里干活，否则的话你就看着他进监狱吧。听到五千块钱可让他儿子不进监狱，我就出去向朋友借了，结果"黄鹤一去不复返"，最后连人都失联了。我就得还账啊，有人建议我去诉诸法律，但我没有，我受的教育是"居家戒争讼"。但这不能不说是一次识人上的失败。

后来我遇到类似的问题，包括朋友问如何对待这种问题，我常常会这样建议：有人要借你三十万块钱，你就给他三万，别想着让他还就行了。"寻找安详小课堂"就遇到这么一件事情，有一个志愿者，对方说要还房款，需要三十万，她存折上只有三十万，准备全打给对方。我说不行，你就给他三五万，但她还是心软，打过去十多万，到现在也没还。

做每一件事情得想到后果，这是中国人的忧患意识，居安思危，过好日子的时候就要准备过不好的日子。我的老师有一次在大海边给一个后生讲：人生就像这波浪，一个波过去，又一个波会过来，所以做生意你要做好这样的准备，有起就有伏，有高潮就有低潮，有低潮就有高潮。其实这也是"居安思危"的思维，有了这样一个思维，即便我们面临逆境，也能扛过去。

这是给各位汇报的"宜未雨而绸缪，毋临渴而掘井"，我从几个方面带领大家做了一些联想。

而我最后讲，要十分重视教育和文化，一个民族最可怕的是文化被"转基因"。我们现在好多人举行的婚礼，引进西方教堂婚礼的"仪"的外壳，但没有"礼"的内涵。文化一旦被"转基因"，比粮食转基因还可怕。一个民族之所以为这个民族，必须要有它的文化符号、文化基因、文化传承、文化核心。

第十二讲　五福周全有窍门

接下来朱柏庐讲"自奉必须俭约"，自己的生活用度必须俭约。这个前面讲了很多。人生无非三件事：积福、享福、损福，俭约就是积福，积下来的福气，变成我们的长寿、富贵、康宁、好德、善终。人有五福，家族有五福，民族有五福，文化有五福。中华文明为什么五千多年没有断代？有长寿这一福。而这一福怎么来的呢？是我们的祖先，一代又一代给我们接转下来的，我们都在享祖先的福。

"居身务期质朴"，这里朱柏庐用了两个很有力量的字，那就是"务期"，必须俭朴。这个家训主要是给他的子孙写的，而且大家都知道朱柏庐要完成他的"孝"，他不出仕、不做官，那就要过平民生活，那就更加要求子孙必须过俭朴生活，做好过清贫生活的准备。

"宴客切勿留连"。我们看许多落马官员的忏悔，就会发现他们的落马与此有关，酒桌上一喝多，一表态，收不回去了。《弟子规》讲"苟轻诺，进退错"，一个人留连于宴客，这个人向外求的习惯就形成了。而中华文化讲究我们在内在找到幸福感。朱柏庐写的那一首诗里面讲："荧荧残炖，喔喔鸡鸣，朗吟不辍，促席相随，非一朝荣名是勉，乃千秋志节为期。"就着一盏油灯读书，读到鸡鸣，朗诵的声音不停止，大家促膝谈心，这一种幸福足以让人满足，对不对？请注意，"宴客"，那肯定是有酒席的，所以，人常待在酒席上很容易犯错。《弟子规》里面讲，"饮酒醉，最为丑"，所以"宴客切勿留连"。大家请注意他的用词，"务期质朴"，"切勿留连"。本质上还是对人的欲望的节制，俭朴了，愿意过俭朴的生活，以俭朴为美，你就不会去贪恋那一吃、那一喝、那一玩了。而一旦染上吃喝玩乐的习气、习惯，这个人就再也过不了俭朴生活了。

范仲淹为什么亲朋好友送来大鱼大肉他一动不动呢？他认为吃了大鱼大肉，就喝不下小米粥了。

有一年，我在中央电视台干活儿，干累了，我就把我看的稿子跟我穿的秋衣的照片发到朋友圈，配了一段话："我要进京。"这件秋衣袖口很破，我让太太给我缝一下秋衣袖口，太太说实在搭不住针了。而我的稿费，可以买很多身秋衣。那为什么要这样做呢？因为我知道"居身务期质朴"。

接下来朱柏庐讲，"器具质而洁，瓦缶胜金玉；饮食约而精，园蔬愈珍馐。"如果善用器具，瓦罐也比金玉好。记得我小时候，有一个亲戚，他会烧瓦罐，拿黄土烧，青色的，装凉开水，有一种特别的甘甜，现在都很难找到。

"饮食约而精，园蔬愈珍馐。""珍馐"是珍奇名贵的食物。从园子里采来的菜，如果做得精美，也胜过山珍海味。真正的健康饮食恰恰不是山珍海味。有研究表明，人类的一大杀手就是营养过剩。孔子讲"不时，不食"，不是那个时令的菜不吃，也指没有到吃的时间不吃；"割不正不食"，通常解释是肉切得不方正，不吃。还有人解释为来路不正的食物，偷的抢的骗的食物，不是用正当劳动换来的食物，孔子不接受，不吃。"割"是收割收获的意思，"正"是来路正。我认为孔子是讲宰杀的方法不对不吃，以残忍的方式获得的食物不吃。关于吃，孔子有许多讲究，《论语·乡党》有一大段，从"食不厌精，脍不厌细"，讲到"不撤姜食，不多食"。除了饮食卫生，还有饮食结构，比如"肉虽多，不使胜食气"，意思是说，虽然席上的肉很多，但是量不能超过五谷，强调了主食的重要性，认为五谷是饮食的基础，而肉类只是辅助食品。还有养生，比如，"不撤姜食，不多食"，就是姜片不离开桌子，干吗呢？扶阳，除寒。还有情志养生，"饭疏食饮水，曲肱而枕之，乐亦在其中矣。"吃粗粮喝冷水，弯着胳膊当枕头，也感到快乐。孔子特别强调要在现场感中吃饭，"食不言、寝不语"。

"器具质而洁，瓦缶胜金玉；饮食约而精，园蔬愈珍馐。"前面讲"用"，后面讲"食"。现代人的生活用度，不少都违背了祖先的教诫，过于奢华。有一次，闫总开车拉我到"寻找安详小课堂"，我一坐他的车，就很感动，一位董事长却开着很普通的车，我说他的事业一定能兴旺，因为他没丢美德。有些人说，出去谈生意，车必须高级，也对，但是真正的生意，最后靠的还是内涵。《朱柏庐治家格言》的审美取向是把外延式的审美变为内涵式审美。有时候外在的确重要，但更重要的是内在。我这样讲并非反对大家提高生活质量，但是明白了之后，适度就好。

前面讲过，中国人用"修补思维"来过日子，瓦罐破了修一修，衣服破了补一补，还能接着用。但现代人特别是年轻人，他不愿意用这个思维，好不好呢？从积福的角度来讲，还是有问题的。范仲淹去世的时候，连下葬的钱都没有，但他的工资很高啊，钱哪里去了呢？用来置义田，让家族人共享。

这就是朱柏庐为什么要讲"器具质而洁，瓦缶胜金玉"。用"瓦缶"跟"金玉"做对照，是提醒子女不要把人生审美追求定在"金"和"玉"上，而要定在"质"和"洁"上，这又跟第一句呼应上了，"洁""质"都是生命的品质和状态，"园蔬愈珍馐"就是不要去羡慕山珍海味那种生活，萝卜白菜恰恰保平安。

从营养学的角度看，许多顽固性的疾病跟饮食结构有关系。《黄帝内经》讲，食物的主体应该是五谷，"五谷为养"，"五菜""五果""五畜"都是辅助性的，但是今天，一桌菜吃完了，才上一小碗面片，主次颠倒了。古人认为真正的营养在种子里面，因为种子里有全息的天地精气神。

"寻找安详小课堂"，倡导大家去吃没有用化肥农药的蔬菜，用农家肥种出来的五谷，倡导一种健康的生活方式。有人说，因为甘蔗的种植、糖的生产，让糖尿病剧增，这是对的。我们小的时候，哪有机会吃到糖，过大年，老爸才发十颗水果糖，还舍不得吃。现在的孩子，一会儿一颗糖，一会儿一颗糖，过量。这是一个时代的问题。

我曾经约了一些餐饮界的老板到"寻找安详小课堂"，希望他们能响应国家的号召，做出典范，来带头反对餐饮浪费，顾客点菜的时候建议适量，不要诱导性消费，大家还比较响应。

我们不主张"极简主义"，但是一定要警惕享乐主义，这也是我们共产党人一直要求的，反对享乐主义，反对奢靡之风，因为享乐主义会滋长贪腐行为。

这是朱柏庐选了两个生活用度的代表来讲，我们可以把它扩展为衣食住行的各个方面，来作为传家的法宝。传家传什么？传福气。福气哪里来呢？惜福。怎么惜？讲得朴素一点就是节约。怎么节约？在吃穿住行方面节约，住小房子，穿朴素的衣服，用质朴的家具，吃健康的有营养的食品。车子可以代步即可，以此引导我们的后代过内涵式的审美人生。

我当过党代表、人大代表、政协委员。人家一开完会，都开车走了。我就背着一个包，从宾馆往出走，然后打车。心理素质不行，还真有点受不了。

　　后来，我跟一个小兄弟谈，我手头有三万块钱，你到旧车市场，看有没有三万元的车买一辆。他看了一圈说，郭老师，没有三万块钱的旧车。他说他折子上还有两万块钱，咱俩凑一凑买一辆五万元的行不行。我说好，车买来就是你的。他就买了一个"小蜗牛"，每一次开会，我也有了自己的座驾。这个车功劳很大，无数次送我去机场，而且挺好，一上车就能睡觉，有些豪华车我睡觉还不舒服。我这样说的意思是什么呢？就是明白了道理之后，就尽可能地惜福。为什么要惜福？要传家啊，要给子孙后代结转能量。把三世二世变成十世，把十世变成百世，瓜瓞绵绵，这才是真慈，慈亲、慈父。什么叫慈，把能量省下来，结转给后代，这才是大慈、大爱。

第十三讲　心若正时家亦正

接下来朱柏庐讲"勿营华屋，勿谋良田"。不要买太华贵的房子，不要买过多的田产，为什么呢？老子讲"甚爱必大费，多藏必厚亡"，空间是天地的，你占用得越多，损的福就越多。田地是种粮食吃的，如果全成了你的住宅，你剥夺了多少稻米的生存环境？天地精神，"损有余而补不足"，如果人不能自己平衡，天地就要平衡。

"金玉满堂，莫之能守。"我在《寻找安详》里写到"给"的三个层面：第一给人物质，第二给人体力，第三给人智慧。哪一种"给"最有价值呢？当然是点亮心灯，如果他的心灯没点亮，你给他的钱越多，很可能会帮倒忙，他拿出去挥霍，损他的福呀。有了钱，他就不去创造了。所以，这些年我看到谁需要帮助就捐两千块钱的这种行为，就慢慢地节制了，而是大量向全国捐赠我的书。当我知道一个人读了《寻找安详》，抑郁症康复了，我就觉得更有价值。

一位导演说，一所幼儿园特别渴望读书，园长特别喜欢优秀传统文化，张润娟女士就马上发过去三百册《寻找安详》《醒来》《农历》。我明白她的意思，真的有老师受益了，他会把这种受益一届又一届讲给家长和学生。最纯粹的公益就是点亮人的心灯，让他醒来，让他找到人生的方向和价值。

"勿营华屋，勿谋良田"。曾国藩老家的房子一百多年没修了，他弟弟曾国荃拿出来七千两白银要修屋子，曾国藩反对，他认为做官最可怕的就是买田置房。劝他弟弟，他弟弟不听，还是修缮了旧屋。曾国藩从此不再走进这个屋子一步。曾国藩为什么这么做呢？他明白，一旦"营华屋"，福气就损掉了，能住就行。为什么有那么多的人把家搞得特别豪华呢？是没有把这个理搞明白。空间是天地的，它是资源；时间是天地的，它是资源；土地是天地的，它是资源。我们要用最小的空间和资源来过俭朴的生活，把福气珍惜下来，"转移支付"给子孙后代。曾国藩的人生理念、人生方向是做圣贤，而做圣贤需要能量，需要从俭德入手。

《姑苏志》记载，范仲淹在卧龙街买了一块地，当时有位著名的风水先生，得知后对他说："卧龙街是块风水宝地，在这里修建宅院，必是子孙兴旺，卿相不断，富贵不绝。"范仲俺听后却说："与其让我范家一族荣华富贵，不如让这里多出人才，让大家一起荣华富贵。"随后，他便把这块地捐了出去，修建了苏州文庙，还请来当时的大教育家胡瑗教学，成为庙学合一的"公立学校"，让苏州文教大兴，崇文尚德，先后出了多位文状元，成为"状元之府"。在当时大多官员都在洛阳买地建宅养老，但范仲俺却用所有积蓄在原籍苏州吴县买了一千多亩地设立义庄，让家族的每个人都能上得起学，娶得起媳妇，买得起棺材，生活用度没有忧愁。经过子孙后代不断完善，到清朝的时候已经增加到五千亩。可是范仲俺去世后，后代居然没钱给他下葬，惊动了朝廷。

"勿营华屋，勿谋良田。"古人认为，正是房屋、良田把福气变成低频存在。要把低频存在变成高频，变成能带走的，这是朱柏庐的智慧。现在的房价高，固然有各种社会性的原因，但也跟消费者的奢华心理有关。当每一个人增加十平方米，需要增加多少空间？朱柏庐为什么不让子女买良田呢？是让他的子孙过一种俭朴生活，有些薄田可以糊口就行。

"勿营华屋，勿谋良田"。干什么呢？"读书志在圣贤，为官心存君国。守分安命，顺时听天。为人若此，庶乎近焉。"什么意思？成圣成贤。而要成圣成贤，就要跟欲望作斗争，"克己复礼为仁。"

"勿营华屋，勿谋良田"，就是把物质的享受、物质的依赖性降到最低，向内找幸福，过低成本的幸福生活。按照古人的说法，一个人能真正地天人合一，他本身就是幸福，这就是《清静经》讲的"人能常清静，天地悉皆归"，何况幸福，何况财富。

当年楚王去打猎，把一把弓丢掉了，随从要去找，楚王说不找了，为啥呢？"楚人失之，楚人得之"，得失都在楚国嘛！孔子听到后，说，把"楚"拿掉，"人失之，人得之"，心量更大了。老子听到后，说，把"人"字拿掉，"失之，得之"。万物一体了。心量在一层一层扩展。又一位老师听了后说，"本无得失"。这是讲三种文化的境界，从"楚人得失"，到"人得失"，到"得失"，到"没有得失"。当一个人没有得失心的时候，就是圣人了。成为圣人之后，连"华屋"的概念，"良田"

的概念都没有了。朱柏庐是奔着这个去的。

如此，我们就能理解朱柏庐到底想干什么，要教出什么样的学生。不像现在一些家长，不让孩子输在起跑线上，"你现在不好好学习，将来就过不上好日子呀，住不上大房子呀，开不上好车啊，找不到好工作啊……"朱柏庐认为，读书本身就是幸福，劳动本身就是幸福，活着本身就是幸福。朱柏庐的境界是极高的。

"勿营华屋，勿谋良田"。旨在把天地所属资源的占有降到最低，保证基本生存，向内找幸福，把外延式的幸福转变为内涵式的幸福。

我一直在讲，教育评价体系出台这么久了，为什么推动起来比较难？我说，如果家长的幸福观和成功观不变，教育评价体系要推进是很不容易的，因为家长的幸福观是目标式幸福，而不是过程式幸福。朱柏庐显然在倡导一种过程式幸福、当下式幸福。

张皓对我支持很大。他结婚的时候，我说我给你送一幅我客厅里挂的画，你拿去挂吧。他说画您就别给我了，给我写一幅字吧。我就给他写了四个字"当下即是"，就是活在当下，活在俭朴的这一刻，不要被物质绑架。"荧荧残烛，喔喔鸡鸣，朗吟不辍，促席相随。非一朝之荣名是勉，乃千秋志节为期。"这是一种超时空的、向内涵式的幸福。

如果把《朱柏庐治家格言》变为每一个公民的自觉，整个社会的安定水平、治理水平就会大大提高。因为幸福观变了，成功观变了，大家就不会挤在一条独木桥上。肯定有大量的孩子进不了北大和清华，家长和考生怎么来收拾失落感？要让家长首先走出焦虑，就要把外延式、目标式的幸福变为内涵式、过程式的幸福。

"勿营华屋，勿谋良田"。如果我们把它放在人类学的角度讲，也是让人类永续发展的方法论。当人人向内涵式幸福发展，将有大量的资源被释放出来，让人类共享。现在国家倡导共同富裕，这是对的。因为"天道损有余而补不足"。如果上升到构建人类命运共同体的角度，它的意义更为重大。

接下来，朱柏庐讲，"三姑六婆，实淫盗之媒；婢美妾娇，非闺房之福。"为什么从房子、良田又讲到这里了呢？是有联系的。为什么要"营华屋"啊？太太多就需要的房子多。为什么要治良田？要分家啊。它是一环扣一环的。

"三姑"原意讲的是尼姑、卦姑、道姑，"六婆"

指的是牙婆、媒婆、虔婆、药婆、稳婆、师婆。牙婆，是古代的人贩子；媒婆，介绍婚姻的；虔婆，是给烟花柳巷介绍女孩子的；药婆，给人看病的；师婆，打卦的；稳婆，接生的。在古代社会，一般女性不出家门，内心比较安定。因为古代大家族，讲究一种家庭式的生活，与"宴客切勿留连"是呼应的。"婢美妾娇，非闺房之福"，这是特定时代的特定训诫。学《朱柏庐治家格言》，主要学他的精神，读书不求甚解，不要抠古人的字眼。学他的精神，就是要引导家人过内涵式生活，进行内涵式审美，而不是在外在上花太多的时间，因为一个人向内去追求审美的时候，他动的是什么心呢？不言而喻，就是引导子侄、妻女过内涵式的生活，过气质审美生活。

"童仆勿用俊美，妻妾切忌艳妆"，这还是特定时代的特定家庭训诫。今天已经没有童仆了，但是有些家庭还是用保姆，雇用一些清洁工等等。为什么不用俊美呢？这个也不用多讲了。为了安全感，如果一个人没有俭德，没有朴德，不向内找幸福，很容易被外在所吸引，被带走，这都是一环一环地扣下来的。前面讲主动性，后面讲被动性，前面讲守，后面讲防，非常智慧。

我们教育孩子，要表扬他们的内涵，不能太多地表扬外表，千万不能说你长得好美啊，你好漂亮啊，这衣服好好看啊，这种教育遗患无穷。要说"你真孝顺啊""你真有孝亲尊师的美德呀""你真有俭德呀"，表扬人的德，不要赞美人的貌，这是教育的智慧。

"艳妆"在这里，它可以让我们去无限地联想，因为一个"艳"字，在心中这个念头一动，它已经由内涵式变成外延式了。

第十四讲 传家教子有义方

上一节给大家讲了中华文化的一个重要特点，那就是忧患意识，"宜未雨而绸缪，毋临渴而掘井。自奉必须俭约，宴客切勿留连。器具质而洁，瓦缶胜金玉。饮食约而精，园蔬愈珍馐。勿营华屋，勿谋良田。""三姑六婆，实淫盗之媒。婢美妾娇，非闺房之福。童仆勿用俊美，妻妾切忌艳妆。"其意是让我们过一种内涵式的生活，由目标式幸福转向过程式幸福、当下式幸福，在最低成本的生活中，体会生命最大的喜悦、最大的快乐。

我在《醒来》这本书里讲过，"不可保持的财富不是真财富，不可保持的快乐不是真快乐，不可保持的幸福不是真幸福"。那怎么样才能保持我们的财富呢？就是要过低成本的生活，向内找幸福的生活，天人合一的生活，也就是"人能常清净，天地悉皆归"的生活。用"清静"这个"四两"来代替无限奔忙的"千斤"，这是一种智慧的人生。有几段话是我反复强调的，其中第一段话，"上苍按照一个人的心量配给能量，能量的配给是通过缘分实现的"。第二段话，"人生，何为先，何为后，何为主，何为次，这个问题理不清，心就安不了，心不安，怎么能幸福？"一个人，要学会找到一生的先和主，一年的先和主，一天的先和主。《朱柏庐治家格言》第一句"黎明即起，洒扫庭除，要内外整洁。既昏便息，关锁门户，必亲自检点。"讲了四个关键词，一个是早的"整"和"洁"，一个是昏的"检"和"点"。"整"是不缺，"洁"是不染。由此可见《朱柏庐治家格言》是要告诉我们，人生的先，人生的主，是要找到生命的"整"和"洁"，方法论是"检"和"点"。第二句"一粥一饭，当思来处不易。半丝半缕，恒念物力维艰"，直接是向天地致敬，先后主次就清楚了。

如何体会这一句话呢？我们再看文章的收尾，"守分安命，顺时听天。为人若此，庶乎近焉"，当一个人能把握一生的主次先后，一年的主次先后，一天的主次先后，他就能做到《大学》讲的，"知止而后有定，定而后能静，静而后能安，安而后能虑，虑而后能得"。

因为一个人不知道先后，是很难知止的。

我理解的教育学公式很简单，就是方向、习惯加功夫，把人生方向确立之后，剩下的事情就是养成一个好习惯。前面讲过，曾国藩以他家的八字家训"考、宝、早、扫、书、蔬、鱼、猪"，来训练人生的良好习惯，而一个习惯强化一万小时就会变成功夫。我父亲是个木匠，锯子、刨子、凿子，在他手上就能把一棵树变成木板，把木板变成箱子，变成柜子。我觉得挺神奇的，其实对他来讲是功夫。同样，讲课也需要功夫，而这个功夫需要打深井不挪窝。一个人不断地改变志向，就很难形成功夫。志向一旦确立，就专注，盯住目标，咬定青山不放松。

家训就是有丰富阅历的老人帮子孙后代找到人生方向。姜是老的辣，酒是陈的香。俗话说"不听老人言，吃亏在眼前"，这是有道理的。家训的作用就是一代一代人把一个正确的方向持久地延续下去。我们看到中国的家族企业有一个特点，就是十几代人做一件事，它是有道理的，因为它有传承。

生命中有没有一种可以保持的财富、快乐和幸福呢？古人的回答是肯定的。哪一种快乐是可以保持的呢？朱柏庐在《治家格言》的末尾给我们回答了，"守分安命，顺时听天。"按照古人的说法，当一个人找到了他的本质，他就拥有了无条件的圆满。所以，《朱柏庐治家格言》，是让我们回到一种内涵式的幸福和成功，这种成功是当下成功。我这一刻快乐了，我就成功了，我这一刻感恩了，我就成功了，我这一刻孝敬了，我就成功了。当下一念就是永恒，因为生命是由无数的"这一个念头"构成的，我每一个念头都喜悦，我就永远喜悦。老子就让我们找那个永恒的无为的幸福，"持而盈之，不如其已；揣而锐之，不可长保。金玉满堂，莫之能守；富贵而骄，自遗其咎。功遂身退，天之道也"。他反复地唤醒我们，要活在"这一刻"。我在讲《弟子规》的时候讲过，蚂蚁努力一天，生产力也比不过一个人一下把它从这边抓到那边，生命维度不同，区别就这么大。生命的意义是提高它的频率，提高它的维次，提高它的能级。

接下来，朱柏庐讲"居身务期质朴，教子要有义方"，转入到更重要的课题，"教子"了。怎么理解"义方"呢？《三字经》里有一句话："窦燕山，有义方，教五子，名俱扬。""方"的定语是"义"，那就是合乎天道的方法。从俭德一路讲下来，然后讲育儿。对于"教子"，他怎么展开的呢？"祖宗虽远，祭祀不可不诚；子孙虽愚，经书不可不读"。"义方"从哪里开始呢？从礼敬祖先开始，讲到大根大本上去了。"君子务本，本立而道生。"古人认为，我们是从祖先的河流里流传下来的，如果跟源头断裂，生命力就枯竭了。

朱柏庐讲："祖宗虽远，祭祀不可不诚；子孙虽愚，经书不可不读。"孔子讲："祭神如神在。"就是祭祀的时候，要感觉到祭祀的对象就在眼前。古人为什么这么重视祭祀呢？《洪范》"八政"首先讲了民以食为天，以货为保障，第三条就是祭祀。而《左传》直接讲"国之大事，在祀与戎"。这个"祀"主要指的是国祭。"祖宗虽远，祭祀不可不诚"。怎样才能找到内涵式的生存、幸福？首先要从敬畏感的养成做起，没有祖先的概念，一个人是很难把握自己的，在生命的狂风巨浪中是很难稳住自己的。被朱元璋命名为"江南第一家"的郑家，宋、元、明三代给国家贡献了一百七十三位大臣，大至礼部尚书，小至税令，没有一位贪赃枉法。为什么呢？我们看看《郑氏规范》就知道了。

《郑氏规范》中有这样一句话："子孙出仕，有以赃墨闻者，生则削谱除族籍，死则不许入祠堂。"如果子孙贪赃枉法，活着时从家谱除名，死了之后牌位不能入祠堂，谁还敢犯错啊！如此，人生短暂的快乐、欲望、刺激、诱惑就容易战胜。我有一次到监狱讲课，监狱长跟我交流说，现在不少服刑人员不怕死，出去又进来，进来又出去，"串门子"，惩戒教育无效。我说，老子讲"民不畏死，奈何以死惧之"。当一个人不怕死的时候，惩戒教育就失去意义了。那怎么办呢？要让他怕死，要让他知道死不是生命的结束。《孝经》讲："身体发肤，受之父母，不敢毁伤，孝之始也。立身行道，扬名于后世，以显父母，孝之终也。"为什么呢？身体发肤是父母给的，也是天地给的。毁伤它就是不敬父母，就是不敬天地，从敬天地父母开始，终极境界是"立身行道，扬名于后世，以显父母"，荣耀父母，"孝之终也"。

第十五讲　根到深处枝叶浓

朱柏庐为什么说"祖宗虽远，祭祀不可不诚"，因为在祭祀的过程中，既是礼敬祖先，又是教育后代。古代婚礼就是一场教育课。平时，儿子给父母敬酒，但在婚礼的那一天，父亲要给儿子敬酒，因为儿子要接过传家的重担。女儿出嫁的时候，一出家门，要把一把扇子从轿子里扔出去，寓意从此不能像在娘家一样，扇着扇子过小姐生活，也不能再耍性子，要成熟了，要让婆家"桃之夭夭，其叶蓁蓁"，像桃林那样茂盛灿烂。这都是教育。新郎新娘要喝装在苦葫芦里面的甜酒，意味着同甘共苦，一条心。

我出生在宁夏西吉县将台堡明星村粮食湾，是从甘肃省天水市秦安县莲花镇郭家河搬迁上来的。我的太爷、爷爷是逃荒上来的，先给人家做长工，做得好，主人觉得他们的人品好，给他们一些荒地开垦，就有了现在这个小村子。到我父亲，攒钱打了一个堡子，我就出生在那个堡子里。生产队承包到户的时候，抓阄分地，我父亲一抓，就把村里最好的一块地给抓来了。我想，这也是上苍对拓荒者的奖励吧。所以，前段时间，我跟大侄子郭大川说，要把老堡子保护好。按说那个老堡子已经没用了，为什么还要让侄子保护呢？因为父亲把所有积蓄拿出来打了那个堡子，是他的"成就"，寄托着他太多的希望。

2020年，宁夏早教协会把它作为夏令营的一个点后，我在几间房里挂上了照片，把我的亲人照片挂在上屋中堂的左侧，把我的老师照片挂在右侧，也是我的一次追述祖德。

为了找到刘福荣老师的照片，我们费了很大周折。于刘老师，我写过一篇文章，叫《好老师是一盏灯》。我很崇敬他，没有他就没有我的今天。因此在布置老堡子的时候，我就特意让他儿子刘自谦找来一张老师的照片，放大挂在上屋中堂右侧。

述祖德，就是让后代知道祖先的创业不容易，他就轻易不敢把人家祖先辛辛苦苦创下的家业败坏掉；但是如果没有这种述祖德的教育，后代不知道，他就会花钱如流水，就会轻易地把老宅子卖掉。因为建筑也代表着一种记忆，一种凝聚力，老宅子没有了，人就聚不到一块儿了，如果老宅在，就有念想，就有牵挂，就想回去。我曾写过一篇文章叫《有娘在的地方就是故乡》，一定意义上，老宅子也是娘。

我现在很后悔，后悔当年没有好好陪陪老人。我太太曾嫌我们现在住的这个房子很透风，想换一个房子。我说，舍不得。为啥呀？我每天晚上，就睡在父亲当年睡的那张床上。睡在父亲睡的位置上，感觉父亲还在；吃饭的时候，坐在父亲坐的那把椅子上，觉得父亲还在。这房子一卖，一换，感觉就没了。有个小推车，是我太太当年用来推我母亲的。当年我太太推我母亲到阅海湖边散心，后来母亲走了之后，有一天我动员父亲也坐推车出去，他同意了，没想到，那是最后一次。总想着等自己忙完了，好好孝敬老人，但是他不给你机会了，"树欲静而风不止，子欲养而亲不待"。所以，这些年也有人邀请我，有许多地方邀请我，让我去旅游，去看大海，我一概拒绝，为什么呢？因为原来想着要带父母看一次海，但还没实现呢，他们却走了。

朱柏庐接着讲："祖宗虽远，祭祀不可不诚；子孙虽愚，经书不可不读。居身务期质朴，教子要有义方。"每次读到这儿的时候，觉得应该把"居身务期质朴，教子要有义方"提到前面。教子从哪里开始呢？从"祖宗虽远，祭祀不可不诚"开始。中华文化的大根大本是"孝道"，而孝道的建立从婚礼开始。

我们的人生怎么样才能幸福呢？身体怎么样才能健康呢？很简单，孝敬老人。古人讲"老人堂上坐，一宝压百祸"。老人是宝，老人不是草。"诸事不顺因不孝"。古人把话讲尽了，确实如此。

我的祖母去世的时候，留给我父母一句话，"善待你的哥哥嫂嫂。"父母就把这句话当作我们家的最高准则，兄弟妯娌一直没分家，在老堡子里过了一辈子。由此我写了一篇散文《永远的堡子》，收录在《中国之中》这本书里，许多人看了都说是个传奇，在这个传奇中，母亲是关键人物，她对我的伯母比对婆婆还上心。她为什么要这样做呢？为了完成对奶奶的承诺，一诺千金。

我上固原师范时，饭票可以兑成现金，我就每天只用饭票买一顿，另一顿就吃老家带来的干炒面，省下半天的钱，放假的时候，回家给老人买一身衣服，给四位老人不够，只能给伯父伯母一人买一身。伯父伯母享有优先权，这是母亲一直叮嘱的。

在堡子里挂着一张我母亲给我伯母梳头的照片，是我当年拿胶片相机拍摄的，那时候人都很穷，穿的衣服很破烂。还有一些镜头我没拍到，比如每一次母亲拆洗伯母的裹脚布，就像做绣花工一样，又是洗又是剪的。我这几年在讲育儿的时候，常讲育儿的第一要义，就是我们给子女做出孝敬老人的榜样，养老本身是育儿，因为当我们孝敬老人的时候，儿女们就会耳濡目染，我们的基因编组就在记录。我在《醒来》一书中讲过，潜意识是永恒的，每一个念头它都记录，它都会遗传给后代。为什么我们走遍天南海北，对小时候母亲做的饭菜念念不忘？因为我们胃里面的微生物、菌群已经建立了记忆。现代科学已经证明，肠子是第二大脑，菌群也好、微生物也好，基因编程也好，DNA编程也好，它都会遗传。我们对老人动了一个孝的念，它会传给后代。同时我们的潜意识是共享的、全息的，我们这里动个念头，那里就会有响应的。张载讲的"民胞物与"是对的。所有人都是一体，跟大宇宙都是一体，所谓的"天人合一"就是这个意思，今天的"量子纠缠"不就讲这个吗？所以养老本身是育儿。

《孝经》讲："孝悌之至，通于神明，光于四海，无所不通。""无所不通"，财也通、权也通、名也通、长寿也通、富贵也通、康宁也通、好德也通、善终也通。"光于四海"，那还得了，"无所不通"，那还得了。可见朱柏庐为什么要这样安排，"祖宗虽远，祭祀不可不诚"。中华文明为何不断代？跟我们首重孝道有关。因为首重孝道，它的根就一条一条连下来了。祖先的河流就没断流过。这时候再看"不孝有三，无后为大"，就能理解了。当然，这是指宗法社会。在今天，我们可能要从新的时代意义上去理解这句话。

既然潜意识是永恒的，就没有远和近。"寻找安详小课堂"在农历十月的课程里面，会让大家朗诵《农历》"寒节"一章。这一天，做女儿的要回到娘家拿色纸给祖先缝衣服，然后写上谁谁谁收，最后烧掉。五月、六月就问爸爸、妈妈："我怎么能保证我爷爷收到了呢？"他的父亲是怎么回答的呢？"当你感觉心里不冷的时候，你的爷爷就收到了。"好多人读到这一句都感动不已，因为我们跟祖先是一体的，我不冷了，他就不冷了。

我在讲《弟子规》的时候，常用一个手势做比喻，我们整个的家族就像五指，你提高了，祖先也提高了，你降落了，祖先也降落了。那么，什么是对祖先的最好祝福？就是把你的能级提高，就是好好地做人，全心全意为人民服务，保持忘我的状态。你无我了，祖先就无我了。

第十六讲　灯塔之下好航行

在许多传统节日里，"寻找安详小课堂"都用办课程的方式来礼敬祖先。"祖宗虽远，祭祀不可不诚"，这里面强调了一个"诚"字。"诚"是心灵"整"和"洁"的一种状态。"整"，已经没有一点点空隙了，跟祖先完全重叠了。"洁"呢，已经没有一点点污染，没有"电阻"，没有阻力，完全畅通了。所以"诚者，天之道也"，"思诚者，人之道也"。古人讲的"至诚感通"，就是这个道理。

当一个人"至诚"的时候，他就"感通"了，因为"至诚"的时候他就天人合一了，天的功能就是他的功能。拿我自身的经验来说，当年为自己着想的时候不来灵感，后来做公益，一会儿一个灵感，一会儿一个灵感，因为我回到了忘我、无我的状态，没私心杂念的状态，这也就回应了我在《醒来》里面讲的第一个重点："上苍按照一个人的心量配给能量，能量的配给是通过缘分实现的。"这就是"诚"，有了"诚"这个本体，这个人就会有信，有了信，朋友就来了。

所以，朱柏庐在这里强调"诚"。只要"诚"，祖宗虽远，犹在眼前。孔子讲"祭神如神在"，为啥呢？这还是我们的念头。我们到祠堂给祖先行礼，不是说那个画像就是我们的祖先，而是通过画像让我们动一个祖先的"念"，画像是唤醒念头的媒介，当我们的"念"在那一刻一动，按照量子学的观点，它就是祝福力，量子学的波粒二象性告诉我们，波的另一面就是粒子，粒子的另一面就是波。

《左传》讲，"国之大事，在祀与戎"。"戎"是一种强制性的国家安全，而"祀"是更自觉、自愿、主动性的国家安全。武则天为什么要把天下还给李氏？有许多原因，但有一条很关键，那就是祭祀难题不好解决，正如狄仁杰所说，侄子们总不能在太庙祭祀姑姑吧。所以，我们的教育，往往从"三百千"开始。为什么要朗诵《百家姓》呢？因为一个人读到自己那个姓的时候，他有归属感，他会知道，哦，我的祖先是这一百个姓氏中的一支。

而《三字经》呢，是讲"人之初，性本善"，讲人的本性。到了《千字文》，就更扩展了，把生命放到宇宙观里面去考量，"天地玄黄，宇宙洪荒。日月盈昃，辰宿列张。"跟太阳系最高级的能量体太阳对接，跟天地量子纠缠，这是祖先留下来的童蒙养正教育。

就血缘意义上来讲，父母是我们的根；就宇宙意义上来讲，天地就是我们的父母，每一个人都是天地之子。如此，不断把我们的根系拓展，最后变为一体。就是张载讲的"民胞物与"，天地与我同根，万物与我一体。而"祖宗虽远，祭祀不可不诚"，最重要的是把祖先创造的基业传承下来，把祖先给我们开发的智慧体系传承下去。

我写过一篇文章，叫《爱国，首先要爱我们的传统文化》。爱我们的传统文化，首先要从经典文化、农历文化和节日文化特别是家训文化着手。"寻找安详小课堂"这些年不搞大规模的传统文化活动，主要是开发课程，因为全国各地有许多团队在做推广和落地工作，而"小课堂"的不可替代性，就在于我们有一班人马可以来开发课程，把中华优秀传统文化创造性转化、创新性发展，然后贡献给国家，这在一定意义上也是张载讲的"为往圣继绝学"。我们想象一下，五十年一百年之后，有人还看我们的书，还看我们制作的节目，那我们就做了一件功德无量的事。

我这些年就这么鼓励《记住乡愁》团队的编导，我说我们在做现代版的"四库全书"，观众将近二百亿人次，这也是"为往圣继绝学"。有许多村落的建筑拍完节目就可能被拆迁了，你说那样的片子是不是价值连城？这是从根教的意义上讲的。第二个层面，从境教来说，比如说范仲淹在醴泉寺读书的地方，如果不去醴泉寺实地考察，你是很难体验范仲淹当年为什么在那个地方划粥断齑，为什么在那里留下面对诱惑不动心的千古佳话。没有境教的平台，教育就很难完成了。

我们村的一些建筑被拆掉之后，《农历》里面所写的场景就很难恢复了。如果"两办"的文件能早出来两年，也许就能保护下来，作为"农历"的一个原型村而存在。这是祠堂、城隍庙、孔庙，这些古典建筑的价值。

张总做了一件很有意义的事情，他给他们家修家谱，让我写序，我欣然从之，这是懂教育的人。有了家谱，后代就有归属感，就有责任感。为什么呢？一个人如果想到他将来也要上家谱，他以什么样的业绩上，如果用二百字写他的一生应该怎么写，他就有责任感了。有家谱和没家谱截然不同，这是古人教育传承的智慧。

接下来朱柏庐写道："子孙虽愚，经书不可不读。"在讲完礼敬祖先之后，讲完连根之后，讲完源头意识之后，朱柏庐开始讲经书的重要性。他这里讲的经书，一般指"四书五经"，"五经"其实是"六经"，因为《乐经》失传了，《诗经》《尚书》《礼记》《春秋》《周易》，这是常讲的"五经"。"四书"指《大学》《中庸》《论语》《孟子》，这是确指。泛指就是指一切经过时间检验的经典，我们也可以把它理解为"经书"，就是说子孙虽然愚钝，但是经书不能不读。因为经书是圣人的智慧，是到过"山顶"的人写的"登山体会"，跟"半山腰"的人写得不一样，跟压根儿就没上过山的人写的就更不一样了。是"醒来"的人写的人生宝典，跟"梦话"不可同日而语，它是经过千千万万个读者验证过的，它能解决问题。

前段时间有一位书院的院长来找我，他遇到了发展的瓶颈，问我下一步该怎么走。我说当下中国的书院成百上千，你首先要弄清楚你的不可替代性在哪里，跟别的九百九十九个书院的区别在哪里，你要找到你的那一部分"缘分"。往大里讲，你要找到人民群众的刚需，现在人民群众的刚需，不是吃穿，而是快乐，也就是孔子讲的"学而时习之，不亦说乎？"的那个"说"，要乐，先乐起来，不乐起来，没人来的。为什么"有朋自远方来"呢？因为这里有乐。那么怎么样才能乐起来呢？怎么样才能喜悦起来呢？霍金斯讲得很清楚，乐，是能量提高之后的一种自然状态。老子讲"含德之厚，比于赤子"，那个婴儿，"终日号而不嗄"，成天哭啼，嗓子却不哑，太厉害了，为什么呢？他没有自我，当他有自我的时候，他哭一会儿，嗓子就哑了。经典，能唤醒我们无条件的喜悦，就是我讲的安详。

但凡一部经典，如果它不能把我们带到安详，不能带到喜悦，不能带到放松，都是不纯粹的。好书一定是越读越放松，越读越觉得我幸福得不得了，我可以放下一切，享受当下。这就是好书，让自己跟自己的本质相遇，让自己不要离开自己的"故乡"。换句话说，就是让人时时刻刻在一种醒来的状态，"看破的糊涂，清醒的睡着，放下的拿起，给予的获得，无为的有为"，活在这个境界。每当我焦虑的时候，自己走不出来的时候，我就找这样的书看。

"子孙虽愚，经书不可不读。"一个没有经典照耀的人生，很可能是迷茫的人生。《记住乡愁》拍摄了不少航海的人，一定要用《更路簿》，要用罗盘做导航。所以，生产罗盘的人有信念，一定要做得一点差池都没有，因为它关系着别人的性命。

人生的导航是老师，老师当好了，就像孔子那样积福，当不好了，那就损大福。如果一个大夫误人，他可能治死一两个人，而老师如果误人，那是一批人。当老师可不是一件简单的事情。老师是给人指明方向的，"传道、授业、解惑"。经典也是，如果一个人常常读经典，他就不会在人生的大海里迷失方向。由经典做早课晚课，那就是用经典来"黎明即起，洒扫庭除"，用经典来"既昏便息，关锁门户"，他的人生就是安全的。用经典来打开我们一天的门户，用经典来检点我们一天的行仪，这个人，错也错不到哪里去。

第十七讲　心性安全最重要

孔子讲，"《诗》三百，一言以蔽之，曰思无邪"。古人的教育是"无邪"的教育，邪的对面就是正，它是养正的教育。前面我讲过，中华文化最佳的一种状态，是乾卦的第五爻"飞龙在天"，它是既中又正。《黄帝内经》也讲"正气存内，邪不可干"。一个人病了，是正气没了，正气没了，邪气就来了。我们看古人的防疫，清香防疫也好，中药防疫也好，主要的原理就是扶正。中药那些配方和药材，都是扶正的。张仲景当年接触麻风病怎么传染不上呢？"大医精诚"，"医者仁心"，正气足。

我曾在《寻找安详》里写过一个案例，有人做实验，给一个人进行心理暗示："请吃北京烤鸭。"觉着很香；

再换一个暗示："请吃鸭的尸体。"就觉得不香了，心理暗示就这么重要。所以，读书的过程，就是接受暗示的过程，上课的过程，就是接受暗示的过程，关键是我们接受什么样的暗示。

王阳明讲"致良知"，当一个人不按良知做事的时候，他往往就恐惧，而恐惧伤肾，而肾是生命的大根大本，是性命攸关所在，因为肾主水。一个人是这样，动物也是这样。古人在家法、家教、家训里边，无一例外地教子女过诚信的生活。因为诚信的生活令人心安，没有恐惧，半夜敲门心不惊。你想那些拿了别人东西的人，警车一响，心跳一次，警车一响，心跳一次，心想警察是不是来了？日子过得生不如死。幸福一阵阵，痛苦一辈子。

"子孙虽愚，经书不可不读。"因为所有的经书都是让我们过心安的生活，心安就是故乡。那心怎么安？"上苍按一个人的心量配给能量"，扩展心量；心怎么安呢？找到人生的"主"，找到人生的"先"，心就安了；心怎么安呢？明白一个道理，"不可保持的财富不是真财富，不可保持的快乐不是真快乐，不可保持的幸福不是真幸福"。

朱柏庐很智慧，在讲了这两句之后，马上来一句，"居身务期质朴，教子要有义方"。你简朴了，甘愿过简朴的生活，就不愿意拿别人的好处了，因为你把人生的"先"，人生的"主"，定调为过程性幸福、低成本幸福、向内找的幸福，就不贪恋那些外在的东西了。

我当年喜欢收藏，当有一天明白这个道理之后，就开始往出去捐。原来别人来我们家，我会动一个很俗气的念头，他给我拿了什么？后来别人到我们家来，我就会动个念头，让他拿走什么。有一个同志去了我们家说："哎呀，我太羡慕你了，家里空空荡荡。你不知道我们家那个堆的呀……"这一点，我爱人做得比较好，不过她送的大多是不值钱的，我送的都是比较值钱的。当年喜欢收藏一些所谓的"软黄金"，字画一类的，明白之后赶快送，越送感觉越轻松，生命一下变轻盈了。老子讲，"多藏必厚亡"，那些东西真的损耗你的生命力，把你的生命力压在里面。左边一个亿，右边一口气，要把那一个亿变成一口气带走。

老子讲："既以为人己愈有，既以与人己愈多。"给了别人恰恰就成你的了，不给别人永远不是你的，你就是保管员，给出去了就真正是你的了。这就是"给予的获得"。孟子也讲："出乎尔者，反乎尔者。"物质给出去了，精气神回来了。

朱柏庐很智慧，为什么在"子孙虽愚，经书不可不读"的后面，马上来一句"居身务期质朴"？因为经典都教我们过简朴的生活，过有俭德的生活，过把生命的重量变成质量的生活，都是让我们过传家的生活，而不是我一个人挥霍，我一个人享受，把子孙的福都享了，这是不慈。真正爱自己的孩子，那就要为他积福。

《大学》讲，"货悖而入者，亦悖而出"，以不正当的方式获得，必定以不正当的方式走掉。

古人认为，我们的财富，归几个方面管理：第一归火管，你看一把大火，一个宅子就没了。第二归水管，一场大水，豪宅就没了。我有一次到河北，有一个企业家，卧病一年起不来，因为一场大水把工厂的东西全冲走了。我见到他就问，冲走人没有？他说没有。我说那你还躺着干什么，赶快起来，冲走的都是不重要的，你在就行，人没伤就行。给她讲了一阵"安详"，他就起来了。第三归医院管。第四归小偷管。第五归败家子管。如果一个孩子，来把几代人积下的家业挥霍掉，那么这个孩子，就是专门来做这件事来的。第六归国库管。现在多少人的钱财，最后都归国库。

"子孙虽愚，经书不可不读。"要让子孙不走弯路，不走岔路，就必须用《周易》中的话给他明道、明德，那就是"君子以俭德辟难"，用俭德来规避灾难。因为俭德让人心安，心安则理得，理得则心安，不恐惧，不伤神。

家传不下去，我们就要思考哪里做过出格的事情。

经典是宝，每天跟经典相伴，就有镜子可照，就有唤醒的声音可听。所以《弟子规》讲："非圣书，屏勿视，蔽聪明，坏心志。"非圣书最好别看，因为有些书不看还好，越看越想入非非，把你误导到云里雾里，你也想过那种生活、模仿那种生活，一模仿，完蛋了。但凡诱发人欲望的书要警惕，因为它让你的能量有漏，不整，不洁，不检，不点。

第十八讲　劝君多读圣贤书

历朝历代的家风都强调两个字："耕"和"读"，"耕"是自食其力，"读"是用经典来照亮人生。有一年，我跟侄媳周慧说，小叔给你布置一个任务，你给咱建立一个"郭家好学风、好家风、好作风"读书群，你带头读经典，管理这个群，她真就办起来了，现在由侄女郭敏管理，一个季度发一次奖品。家族群建立起来有啥好处呢？天天早晨大家在喜马拉雅读《弟子规》，读《大学》，读《孝经》，包括读我的《醒来》《寻找安详》，效果很好。因为这个群，因为孩子读书，一族人就紧密地连接在一块了，共振了。

我这些年从来没有答应给亲朋好友找工作。但有一件事，有点特别，在这里分享一下。我上小学的时候常受村里孩子欺负，有位回族姐姐常常保护我。后来她的孩子要从新疆调回来，问我能不能给找个工作。我一听他的专业水平较高，就说，我有一个企业家朋友，他招员工有个条件，要热爱中华优秀传统文化，我说你让孩子每天在他的朋友圈转发传统文化的视频、音频，坚持一年，你问他愿意吗？他说愿意。我让他把《郭文斌解读〈弟子规〉》每天看一集，然后写一篇心得体会发在朋友圈。这个孩子坚持下来了。我就找这位企业家，说，有个孩子，你见一面，录不录看条件，但帮我圆个场，不要让我食言。"凡出言，信为先。诈与妄，奚可焉"。这位企业家很友善，就帮我圆这个场，没想到这个孩子被录取了。这叫真正的帮人。

这个孩子能把这套节目听一年，而且每一集能真正写出来心得体会，他一定是一个好员工。按照王阳明的说法，人人都可为圣贤，人人都可致良知。听一年写一年心得体会，他不觉醒才怪呢。所以"子孙虽愚，经书不可不读"。

回忆一下我的当年，差点去唱了皮影戏，因为我特别着迷皮影戏，想做我们当地一个皮影戏的传人。我伯父连梆子都给我弄好了。但我父亲还是有见地，他提醒我说你再好好考虑一下，他认为还是要读书。

现在，我们家晚一辈基本上都认同经典。外甥张彦慧已经把《道德经》读了将近九百遍，每天在喜马拉雅读一遍，真有种风轻云淡的感觉。我这个外甥一直病恹恹的，读了三年《道德经》变得气宇轩昂。读经典真的能让人健康，为啥呢？跟古圣先贤共振。集体读更有共振效应，是个体诵读经典所无法替代的，共振的效果真是不可思议。我常讲，在今天我们很难用单打独斗的方式获得进步，因为人有惰性，有惯性力量，只有借助团队的力量来激发，我们才能够走出惯性，突破生命中的困境。

一个家族靠什么共振呢？靠家规、家训，一族人每年在重要的节日齐诵家训就是共振，反复地齐诵就是强化共振。我们的祖先早就意识到共振的重要性，因为科举考试，所有的学子都读"四书"，这本身就是制度性的共振。王朝在更迭，但我们的基本文化制度没变，《周易》的传统没变，夏历的传统没变，它们是我们这个民族的共振源。所以，习近平总书记讲："文化自信，是更基础、更广泛、更深厚的自信。"

让子孙读哪些书，古人是有讲究的。曾国藩推荐子侄读的第一本书是《了凡四训》，因为有影响力的人的推荐，就会让子孙产生信心。

在讲完"祖宗虽远，祭祀不可不诚"之后，朱柏庐讲"子孙虽愚，经书不可不读"，大家看，从源头开始讲，从根开始讲，讲到子孙的河流里面去。那么，怎么保证这个河流的通畅？靠经典，靠"耕读"传统，"教儿孙两条正道，曰耕曰读"。

现在国家已经在治理文化环境，治理饭圈，治理娱乐圈，也是为了保证主体文化的共振度。媒体干净了，正能量就多了。"寻找安详小课堂"上课前，先升国旗，这也是共振，增加大家的爱国意识。经典里面讲，"忠孝之家，子孙未有不绵延而昌盛者"。社会主义核心价值观个人层面是"爱国、敬业、诚信、友善"，讲课的时候，我会加上基础价值观。在张皓和子琰的订婚礼上，我就讲了四个字，怎么传家。"孝、敬、勤、俭"。孝顺老人，尊敬老师，勤奋，节俭。当每一个中国人心存这四个基础价值观，再"爱国、敬业、诚信、友善"，就有根了。

中华文化的一大特点，就是强调集体主义，强调一个民族的整体性，强调大河没有水，小河会干涸，没有国的安，就没有家的安。朱柏庐有体会，清兵入关后，其父殉国，他带着家人颠沛流离，他不愿意为清廷服务，不愿意做官，那他就要过纯粹意义上的耕读生活。古代社会不入仕，不从商，就过耕读生活。

而横渠先生讲的"为天地立心，为生民立命，为往圣继绝学，为万世开太平"，也是这个意义上讲的。对一个民族来讲，我们把祖先创造的文化继承下来，这就是行大孝。所以，孔子讲，"述而不作，信而好古"，把周公的智慧，把舜的智慧传播下来，就是为往圣继绝学。编《春秋》，整理《诗经》，五十岁读《易》，给《周易》写《十翼》，都是"为往圣继绝学"，尽大孝。因为他给祖先尽大孝，所以他的子孙后代就有福气。

现在孔子的家谱是国家修的，孔家有二百多万子孙，就是因为他的贡献太大了。"天不生仲尼，万古如长夜"。想一想中国人没有《论语》，没有《道德经》，没有《周易》，没有《黄帝内经》，是个什么情形？

《朱柏庐治家格言》主要是以平民心态写的，但朱柏庐的精神是在庙堂之上的，是穿越时空的，因为他的理想是圣贤理想。可能正是这种平民心态，让他的读书，让他的生活更纯粹，更接近纯粹意义上的圣贤理想。没功利心，每天接触大自然，受大自然的滋养，活在一种天地精神中，活在一种农历系统中。我每朗读他那首诗，就很感动。"荧荧残炖"，蜡烛烧得还剩一点点了，乐在其中，读书啊；"喔喔鸡鸣"，不觉得天亮了；"朗吟不辍"，朗诵、吟诵不间断；"促膝相随"，其乐融融；"非一朝之荣民是勉"，不追求一朝一世的荣华；"乃千秋志节为期"，"我"要过能穿越千秋万代的那种生活。朱柏庐做到了，为什么呢？明末离我们多少时间了，大家算算，我们还在学习他的家训，这不是"千秋志节"完成了吗？可以肯定，他的《治家格言》，再过一百年，再过一千年，仍然具有生命力。他的精神是不朽的，他的理想实现了。

第十九讲　榜样力量最无穷

当一个人把目光放到一千年、一万年的时候，就能体会《钱氏家训》的意味，"利在一身勿谋也，利在天下者必谋之；利在一时固谋也，利在万世者更谋之。"钱家为什么出人才？人家"风物长宜放眼量"，放了多长呢？一万年！钱穆、钱学森、钱其琛、等等，群星璀璨。为什么涌现出这么多人才？心量大！

"上苍按一个人的心量配给能量，能量的配给是通过缘分实现的"。最大的缘分就是有人来给你做儿子、做儿媳，还有比这个缘分更大的吗？配一个能守你的家业、能传你家业的儿子，这是最大的缘分；配一个能助你的儿子成道成业的儿媳，这就是最大的缘分；配一个能助你弘扬传统文化的学生，这就是最大的缘分。

中国文化无非三大系统：血缘系统、学缘系统和地缘系统。血缘系统就是一代一代的亲情传承，学缘系统就是师徒传承，地缘系统就是老乡系统。

中国古人非常看重血缘、学缘系统的传承。没有子贡很可能就没有家喻户晓的孔子；没有钱德洪和王畿，特别是钱德洪，我们今天很可能就看不到《传习录》《阳明先生年谱》了。所以讲课的人重要，做传播的人更重要，写书的人重要，搞出版的人更重要，推广的人更重要，这就是中华民族的伟大之处，它讲孝亲和尊师，以"父子之亲"和"师道尊严"为根。

古代社会，老师教学生首先教什么呢？教"孝"，孝亲。家长教孩子首先教什么呢？教"敬"，敬师。家长教孩子尊师，老师教孩子孝亲。这样，孩子就接受了一种整体性的教育，在家里、在学校都能听到善言，都能用"明道自鉴"，这个孩子就不会迷失。

"生而贵者骄，生而富者奢。故富贵不以明道自鉴，而能无为非者寡矣。"就是说一个人没有经典做指引，这个人生在富贵人家，不犯错误是很难的。这几句话值得我们无限联想，从个人修身，到齐家，到治国，到平天下，都至为重要。

怎么传家呢？就是把源头活水传下去，把根脉传下去，把血脉传下去，把文脉传下去，不是把金银财宝传下去，金银财宝是传不下去的。前面讲过颜之推经历了三朝亡国，搬了无数次的家，金银财宝能带走吗？豪宅能带走吗？带不走。所以最后他写《颜氏家训》，就开始思考一个问题，什么是后代能带走的，是永恒的财富？我们一看《颜氏家训》就清清楚楚的了，只有我们积下来的德能带走，积下来的福能带走，开发的智慧能带走。

我让一位书法家给老家写了副中堂，"守身如执玉 积德胜遗金"。"守身如执玉"，爱惜身体就像拿着一块玉，小心翼翼，就像《老子》第十五章所讲："豫兮若冬涉川；犹兮若畏四邻；俨兮其若客"。我当年有洁癖，跟这个也有关系，就是人与人的交往弄不好就会让我们的生命受到污染，很警惕，最后成洁癖，害怕微生物交换。

第二句话"积德胜遗金"，把德留给子孙后代胜过把金银财宝给子孙后代。这是中堂的中间部分，而左右配的对联是"第一等好事只是读书，几百年人家无非积善"。积善，从哪里积？从孝道积，第一积。这跟《朱柏庐治家格言》的"祖宗虽远，祭祀不可不诚；子孙虽愚，经书不可不读"就对上了。

让家人每天看到这句话，时时提醒，时间长了，就产生共振，最后会变成潜意识。而人在特定的时候，行动是由潜意识支配的。

这就是家训、核心价值观的重要性，家庭有家庭的核心价值，国家有国家的核心价值，民族有民族的核心价值。我们的文化传统从《周易》开始。渐渐变成"天人合一"等核心价值。当一个民族把它的核心价值观丢掉，这个民族事实上已经名存实亡了。现在，有那么一些人数典忘祖，以亵渎祖先为荣，哗众取宠，就很难让人理解了。

接下来朱柏庐讲"教子要有义方"。"窦燕山，有义方，教五子，名俱扬。"窦燕山的五个儿子都考中进士，他是怎么教的呢？"居身务期质朴""几百年人家无非积善"，"守身如执玉，积德胜遗金"。据考证，窦燕山给别人送棺材就送了二十八口，有人家里人去世了，买不起棺材，送！有一个佣人借他的钱还不起，最后把女儿扔给他，不见人了。他收养了这个女孩子，按自己女儿的陪嫁规格嫁出去，而陪嫁的钱跟这个人欠他的一样多，做人多厚道。"居身务期质朴"，节约下来的钱为别人送棺材。

跟范仲淹一样，皇帝赏给他的金子干吗呢？办义田、办学校，这是大慈，是对子孙的真爱。

"教子要有义方"，"爱之不以道，适所以害之也"。就是说，一个人爱他的孩子，但如果不按道去爱，就害了孩子。所以"居身务期质朴"的目的是什么呢？给孩子积德、做榜样。因为我们示范了俭朴生活，这个孩子就不会为了欲望而去做非常规动作，他的人生就会因为俭德而避难。

"君子以俭德辟难，不可荣以禄。"这是《周易》名句，也是"居身务期质朴，教子要有义方"层层逻辑。这个"义方"，如果展开来讲，就是中华教育学，就是我讲的中国人的教育智慧。我曾经在海口电视台录过一套节目《中国人的教育智慧》，还录制过一套节目《让教育回归生命的关切》，都讲这个道理，就是中国人怎么教育后代，从整体性着眼，从"君子务本"的"本"着眼，"本立而道生"。

什么叫"教"呢？《中庸》已经讲完了："天命之谓性，率性之谓道，修道之谓教。"什么叫"义方"呢？《大学》已经讲完了："大学之道，在明明德，在亲民，在止于至善。"很简单，先明理，再为人民服务。其实每一部经典的开篇都已经把义理讲完了，什么是"教"呢？"学而时习之，不亦说乎？有朋自远方来，不亦乐乎？"都讲完了。《朱柏庐治家格言》在这里讲的"义方"，其实就是中华教育的方法论，古人是有一整套的方法的。比如说朱熹的《小学》，是有一套次第的。

教书先生跟学生之间的关系，是一种纯粹的智慧的传递关系，教书先生不收学费，所以学生一辈子会感恩老师，因为他觉得一辈子也还不清老师这个情，老师给他打开智慧宝藏，值多少钱？给他指一条能避免牢狱之灾的智慧之路值多少钱？

这也是一种感恩关系、奉献关系，燃烧自己照亮别人的关系。"但能光照远，不惜自焚身"，这是老师的情怀，燃烧自己，照亮别人。我不是专职老师，但我能体会到其中的味道。我常常讲，只要把这一堂课讲完，倒在讲台上我都觉得很知足。因为这一堂课已经点亮了不少人。点亮一个人，你来到这个世界上都值得，何况这么一教室人，你的生命已经没有遗憾。当一个人这样想着去做老师的时候，他的学生怎么能不爱戴他呢？学生一届一届出去做了大官、做了实业家，然后回报书院，所以，千年书院，它是一个感恩体系，不是购买体系。

第二十讲　天地精神教之道

前面给大家介绍朱柏庐所倡导的一种人生观、价值观、幸福观、成功观、教育观，它是一种内涵式的幸福、内涵式的成功、内涵式的喜悦；它是一种过程性的幸福、过程性的成功。上一讲，我们从"祖宗虽远，祭祀不可不诚。子孙虽愚，经书不可不读"，讲到了"居身务期质朴，教子要有义方"。留下一个话题，什么是"义方"。

这个"义"，在古代是"合适"的意思。老子讲："人法地，地法天，天法道，道法自然。"可见人的"合适"就是要"法地"；地的合适要"法天"；天的合适要"法道"；道又"法自然"。自然就是"本来的样子"，宇宙本来的样子，生命本来的样子。请大家注意这个词，不要划过去："本来"。

"本来"是一个什么样的状态呢？按照古人的说法，我们用思考是无法触摸的，科学已经证明，我们意识处理信息的速度是潜意识的三万分之一，何况超意识。而生命本来的样子，在一定意义上超越了意识，超越了潜意识，甚至超越了超意识。《清静经》讲："观空亦空，空无所空；所空既无，无无亦无；无无既无，湛然常寂；寂无所寂，欲岂能生。""空"到最后，连"寂"的概念都没有了。所以，我们试图用思考的方法来抵达这个"本来"是不可能的。所以，朱柏庐开篇讲"黎明即起，洒扫庭除，要内外整洁"，对应老子的"人法地，地法天"，到结尾"守分安命，顺时听天"，又回到天上。

朱柏庐懂老子吗？大家说《朱柏庐治家格言》是儒家经典，没错，但朱柏庐显然是懂老子的，因为他最后归趣到"顺时听天"，不就是"人法地，地法天，天法道"吗？"为人若此，庶乎近焉"。所以这个"合适"，这个"义方"的"义"，首先要抵达的就是"人法地"。

"地"在《周易》里面，代表的是"坤卦"。研究过《周易》的同志就会知道，"坤卦"的核心意趣是"厚德载物"，而"厚德载物"我们要具象化去理解。你看大地，谁来耕种它都欢迎，一年四季都在奉献，我们从大地，

至少可以总结出以下品质:

第一,空性,"生长性"。任何一个种子投进去,它能给你长出来 N 倍的种子。就是它不但生长,而且增容,一粒小米变成无数的小米。这就是大地的品质。它首先体现为生长性,而这个生长性体现在大地的春夏秋冬。所以,中国人讲春种、夏长、秋收、冬藏,这八个字里面饱含着中国人对大地的礼敬。所以,过去每一个村庄、每一个社,都有一个小庙,敬的是什么?土地神。我们一说土地神,这是迷信,其实是中国人借用这个意象来表达对大地的礼敬。

如果说大地的第一个品质是生长,无求地生长,第二个品质是无求地奉献,第三个品质就是平等。什么种子它都欢迎,无分别。稻米,我也长出来;杂草,我也长出来。只要是种子,我就生长。我们认为脏的东西,它不嫌脏,而且它有一种神奇的转化性。记得小时候,天不亮,特别是冬天,我特别爱干一件事,背着一个背篓去拾粪,动物的粪便、人的粪便。铁锹"咣"地一下,弄到背篓里,很有成就感。拾粪干嘛呢?种庄稼。是大地,把我们认为最脏的东西,变为了生长力。

所以,它的生长、奉献、平等之后的第四个品质就是"包容""接纳"。就是顺，顺人心，顺万物的心。

第五个品质是"承载"。如果没有大地的承载，我们会飘在空中。盖房子，盖的是什么？盖的是大地的承载性。为什么不在空中盖房子？所以，"土"代表的是"稳定性"。中华文明有一个重要的特征，就是"稳定性"。

这种"稳定性"的下一个延伸，就是它能给人以安全感，也就是他的"安"性，为什么呢？大地保持了持久的安全性。如果大地今天摇一摇，明天晃一晃，那就麻烦了，我们最害怕的是地震。所以我们把地球叫作母亲，就这几条就足够我们去效法。

"人法地"就要法地的生长、奉献、平等、包容、承载、稳定的特性。哪一个人能够做到"生长"？别人给你一块，你还别人一百；"奉献"，不讲回报的奉献；"平等"，没有分别，没有挑拣，不嫌穷爱富；"包容"，能接纳别人的优点，也能接纳别人的缺点；"承载"，有担当；"稳定"，不给人带来恐惧，给人带来安全感。一个人能做到这六条，也是"庶乎近焉"。

我们读《道德经》，只是读着"人法地，地法天，天法道，道法自然"，一般情况下，对生命没有深度体悟，我们是读不懂的。

懂得了"人法地"，我们在教育孩子的时候，就有所遵循。教育孩子什么？生长、奉献、平等、包容、承载、担当、稳定、安定这些美德。曾国藩看人、用人的三大标准是：第一，为人忠厚；第二，做事内敛；第三，要有格局。跟这六条一致，只不过是简化了。

"人法地"法的是什么？农民最清楚：没有大地，再好的砖，再好的瓦，再好的钢筋，再好的水泥，无法发挥它的效用。基于此，我讲了《中国人的教育智慧》，讲了中国古典教育的整体性、系统性、全时段性，讲了五个板块。

第一个，生存教育，从小培养他的生存力。颜之推也好，朱柏庐也好，这些人首先都让子女去实践"耕读"之传统。"耕"是生存保障，"一日不作，一日不食；一夫不耕，或受之饥；一女不织，或受之寒。"有一个人不劳动，不种田，就有一个人可能要挨饿；有一个人不织布，就有一个人可能要挨冻。古代社会首先教孩子"耕"的品质，同时教"读"。"耕读"传统，是中华民族保持生命力的两大法宝。

在教育孩子的时候，首先要培养他的生存能力。我到一所大学去讲课，完了之后，有个文学社社长让我到他宿舍里去，一到那个宿舍我就傻眼了。宿舍乱得没地方坐，衣服、鞋子散着汗味、臭味……曾看到报道：有些孩子上大学的时候，拿一大包衣服，穿脏后打包寄回去让妈妈洗。

一定要让孩子从小习劳。"寻找安详小课堂"的夏令营，有一个重要的内容，除了"读"，就是"耕"。把"耕"现代化，就是让他习劳，洗碗、做饭、打扫卫生、叠被褥。

每届夏令营，我们都让孩子把被褥像解放军叔叔那样叠得有棱有角，像尺子量过的一样。我到军营讲课时曾拍过一些照片，开营时放给同学们看。古人讲"一分恭敬，得一分利益"，就这个道理，可见"境教"很重要。古代社会的家风教育，其中一个重要的内容就是"境教"。过中秋、过重阳、过端午，让孩子供月亮、绑花绳、献花馍馍等，就是让孩子在特定的时空点进入特定的气氛，进行"境教"，既培养他的生存能力，又培养他的仪式感、崇敬感。

第二十一讲 明心见性教之宗

　　古代社会女孩子要学会做针线活儿，针线活儿不过关，是不能出嫁的；厨艺不过关，是不能出嫁的。当年女孩子是用针线写"情书"的。看上一个男孩子，就绣一个荷包，里面是棉花，撒上香料，用针线一缝，弄几个穗儿，绸缎面儿，花绳儿，然后，想方设法送给意中人。有一个女孩子，就让我转给我哥哥，整个过程让人觉得挺甜蜜的。

　　在长篇小说《农历》中，"端午"一章写到五月和六月学习绣荷包，是很温馨的场面。舂香料的时候，要把香料放在一个石碾子里面，拿蒜槌咣咣咣地舂，六月掌握不好，总是弄出来，这是男孩子干的活。女孩子干什么呢？穿针引线。妈妈说穿针引线是女孩子的活。在生产生活中完成教育。六月要拿针，妈妈说男孩子要拿那个大针，这里面有许多暗示和象征。到街上两个人去买香料、买花绳的那个过程，五月和六月觉着整条街都是一个"新郎"，那么一街的花绳儿，想想那个画面就能把人美晕。

小时候，我就剪过窗花，姐姐妹妹用剪刀剪，我是用刀裁，在过程中体会使用工具的准确性。这也是现场感训练，你一走神儿张纸就浪费了，同时培养孩子的专注力。

我还画过门神。那时候穷，从街上买一幅门神样儿来，拿复写纸一拓一描，然后添颜色，逢到集，卖掉，还能换一些糖、炮。每到腊月，父亲做几个小炕桌，我们就往上面画画，我们自己画一个四条屏、花瓶等，画好之后背到集上去，等啊等啊，两块钱、三块钱卖掉，就有买炮的钱了，这样换来的钱会非常珍惜。现在的孩子，钱怎么来的他们没有概念，怎么能守家呢？怎么能感恩呢？不让孩子劳动，这是极其错误的。不劳动他就体会不到创造的美好和创造的甜蜜，他不知道流汗是一种幸福。

有一次，我就背着父亲做的一个小炕桌去卖，结果没卖掉，那种懊丧，真是无法形容。它告诉我，人生就是这样，不是每一件事情都能心想事成的。经历得多了，就有了抗击打能力。曾国藩考秀才考了多少次呢？六次。他父亲考了多少次呢？十七次。不怕苦，不怕累，坚韧不拔。只有吃够了苦，才能把坚韧不拔的品质演绎给后代看。不要认为挫折是坏事情，任何事情都是阴阳两面，要成就"阳"，首先要有"阴"，天地、乾坤，是彼此离不开的。

劳作的辛苦，我的记忆太深刻了。麦黄六月，收割麦子，麦芒很扎，受不了啊，胳膊上火辣辣的。收割过了，米面来到你面前，你就知道是怎么来的。现在有些学校做得很好，在郊区承包一些田，让学生耕作，这是对的。记得上固原师范的时候，盼望着劳动课的到来，一班的同学唱着歌到农场，劳动，中午，吃着学校送来的比平时要丰盛许多的饭菜，像过节一样。

我在讲《弟子规》的时候，把孝道从孝自己的父母，扩展到"老吾老以及人之老，幼吾幼以及人之幼"，再通过"悌道"扩展到"凡是人，皆须爱"，不就是全心全意为人民服务吗？而要全心全意为人民服务，就要完成劳动教育、生存教育、生活教育。这是古人的首课，现在把这些忽略了。"儿啊，你尽管做你的作业，这活儿全由爸妈承包了，你只给我考一百分，给我考北大考清华就行。"大家一听，这些父母没读过《道德经》，读了也没读懂。"人法地"，首先学啥？生存能力，活下来的能力，生命最重要的意义是让他能活下去。

第二个板块是心性教育。活着的目的是什么？完成心性的修养。"学而时习之，不亦说乎"，学那个"说"——快乐的能力，"守分安命，顺时听天"的能力。你看"圣人"的繁体"聖"，看它的会意，有个重要的功能就是去听，去听什么呢？听大自然给我们的叮嘱，其实就是"人法地"的那个"法"。

"心"和"性"是两个层面，"心"是污染了的"性"，"性"是净化了的"心"。"黎明即起，洒扫庭除，要内外整洁"，"整"是不缺，"洁"是不染。不染的那个"我"就是"性"，染了的那个"我"就是"心"；不动的那个"我"就是"性"，起心动念的那个"我"就是"心"；面缸里的那个"我"就是"性"，出去变成面包、面条的那个"我"就是"心"。当然，这都是文字，帮助我们去理解的。手指可以指到明月，但手指不是明月。

关于"心性之学"，王阳明的"四句教"给我们讲得已经很清楚了，"无善无恶心之体，有善有恶意之动，知善知恶是良知，为善去恶是格物"。这四句话我们把它分析透了，体会透了，就知道什么叫"心性之学"。怎么理解这四句话呢？我们倒着说，"为善去恶是格物"，因为王阳明当年一直研究《大学》，《大学》里面修身的条目是"诚意、正心、格物、致知"。所以，王阳明当年"格竹子"，格着格着就格得吐血，不但没格成功，还大病一场。向外去体证"性"，失败了。然后到龙场，他放下了一切外求，向内绽放了，悟道了。

所以，我在这些年的课程中，包括在这一次讲《朱柏庐治家格言》时，始终贯穿一个主线，那就是"向内、向上"，向内找矿藏、找宝藏。

"格物"有多种解读，王阳明的"实践论"是一种解读，而我理解的"格"就是"格杀勿论"的"格"，就是把欲望杀掉。为什么我们要讲"俭德"？因为"俭德"让人降低欲望，道理是一样的。因为有欲望就没法"俭"，有欲望就想"奢"，"由俭入奢易，由奢入俭难"，就这个道理。范仲淹为什么不敢吃朋友送来的大鱼大肉呢？他害怕吃了大鱼大肉，就再喝不下去小米粥了。所以，我理解，"格物"主要就是去除物欲，把欲望降低。

《清静经》讲，如果一个人"常能遣其欲。"就能"内观其心，心无其心；外观其形，形无其形；远观其物，物无其物。三者既悟，唯见于空；观空亦空，空无所空；所空既无，无无亦无；无无既无，湛然常寂。寂无所寂欲岂能生；欲既不生即是真静。"他从消灭那个能引动心、干扰心的"欲"着手。"众生所以不得真道者，为有妄心。既有妄心，即惊其神；既惊其神，即著万物；既著万物，即生贪求；既生贪求，即是烦恼；烦恼妄想，忧苦身心，便遭浊辱，流浪生死，常沉苦海，永失真道。"人生的"辱"，人生的"浊"都是这么来的。我们为什么会流浪，动了"物"的第一个念头，被"物"沾上了，绑架了，然后一个长长的流浪线就开始了。

由此，我们可以更好地理解健康餐和非健康餐。二者的区别是健康餐经过的工序少。比如我们把土豆挖出来一烧，吹一吹灰就吃，经过的人工少。做成土豆泥，经过了好多道程序，其间的安全管理如果不能保证，微生物就容易侵入。所以，"人法地"还有一个原理，那就是离大地最近，工序最少的，最健康、最甜美。养生学者为什么说要吃当季、当地的菜最好？当地的菜运输的工序少，保质；当季，离开土地的时间短。所以，当地、当季的菜最有营养。还是"人法地"。汉堡，麦当劳，那就工序更多了，土豆做成薯条，有多少道工序？所以"人法地"，如果我们再加一条这个品质，那就是绿色，尽可能减少工序。

只有把"物欲"拿掉，人才能常清净，"人能常清静，天地悉皆归"。"格物致知"的"知"，讲的是智慧，不是知识。只有开智慧，才能"修、齐、治、平"，智慧没开的"修身"应该讲都是乱"修"，古人叫"盲修瞎练"，今天跟这个学学，明天跟那个学学，最后一团乱麻，因为智慧没开。

一个人在梦中去找出口，一定会撞墙，越撞头上的包越多，一个人在黑暗中最正确的做法是把灯点亮，先点亮灯，再找出口，这就是王阳明讲的"格物"的意思。只有一个人到了这个层面，才能"修身"，才能"齐家"，才能"治国"，才能"平天下"。

第二十二讲 为善去恶致良知

"无善无恶心之体，有善有恶意之动，知善知恶是良知，为善去恶是格物。"要把第四句话做好，就要有一种我这些年常讲的"六个力"里面的判断力，知道什么是善、什么是恶。有些人行善，恰恰在行恶，有些人看上去是行恶，但是在行善，没判断力你分不清楚。要行善，首先要有智慧，智慧的第一个表现，就是要有判断力，知道什么是真善，什么是假善，什么是半善，什么是全善。这个智慧在哪里呢？就是"良知"。从"格物"往上修，就是要"致良知"。

由此可见，"致良知"才是王阳明修学的第二个层面，要把"良知"找到。"良知"是能判断善恶的那个"我"，要找到能判断善恶的这个"我"，就要找到更高一级的

"我"。眼睛能看见眼睛自己吗？这个更高级的"我"，就是能发现"有善有恶意之动"的那个"我"。这个发现力，就是"良知"。

我在讲青少年要养成的"六个力"的时候，讲到第一个"力"：感受力，就是《朱柏庐治家格言》里面讲的那个"整"和"洁"。这个"整"和"洁"有一种能力，即检点的能力。这时再读《朱柏庐治家格言》的开篇，感觉不一样了，"黎明即起，洒扫庭除，要内外整洁。既昏便息，关锁门户，必亲自检点"。朱柏庐是在讲院子吗？是，但不全是。古人写文章极简洁，他要保持层次感和象征性。《红楼梦》有一百个人看，就有一百个人的感受，修学到什么境界，就会看到什么境界，这就是经典。"读书百遍，其义自见"。看上去是读一本书，其实是在读他自己的心性，书只不过是载体而已。

"有善有恶意之动"，就是我在"寻找安详小课堂"的课程里反复让大家从不同方面要养成的功夫，也是从不同方面开发课程的一个点，就是让大家去"跟踪念头、管理念头"。我们讲"跟踪情绪、管理情绪"都模糊了，最好具体到"念头"。具体到"念头"都模糊了，最好具体到"起心动念"，体会那个"念"的"动"。就像《郭文斌说二十四节气》里讲的极细微感受。霜降的时候，明显感觉霜气往下降了，第二天一看，霜真降了。大自然有它的"动"，每一个人有起心动念的"动"。"修"什么？"学"什么？当我们能随时随地去跟踪并且为这个"动"作主的时候，就是古人讲的"当家作主"了，我们就能"立"起来了。

王阳明修学的境界，是"无善无恶心之体"。"无善无恶心之体"是什么境界呢？就是古人讲的"性、心、识"的"性"，就是老子讲的"道"。我常讲，弘扬中华优秀传统文化，一定要把善学、道学分开，"善学"适用于大多数人。对于金字塔顶的人来讲，就要给他讲"道学"。两者截然不同。因为道学层面强调无分别性，无是非性；而善学层面，必须强调是非善恶。一讲混，容易出问题。

一次答疑的时候，有人问我一个问题，说《弟子规》里面讲"人有短，切莫揭。人有私，切莫说。"那怎么理解"批评与自我批评"？我当时考主持人张润娟同志，我说我曾经答过，我当时怎么回答的？她说，老师是从"善学"和"道学"两个不同层面去讲的，是从"方法论"和"动机"两个层面去讲的。我表扬她答对了。就是关注的点不同，一个是管理学、社会学层面、人格学层面；

而另一个更多的是心性层面。都对，都有用，都有价值，但是一定要分清。

有一次，有一位同学问了个很有趣的问题，他说："郭老师，问您个问题，您不是讲要包容、以德报怨、吃亏是福吗？我现在遇到一个难题，您帮我解决一下。"他说他报了一个培训班，对方收了他四万块钱学费，结果一去，上当了。他问我："老师，这四万块钱要不要去要？"我让大家回答，说要的请举手，说不要的请举手，大多数人表示弃权，因为不好回答。

我说我从三个层面回答你这个问题。第一，要，但要的过程中不能起情绪。一起情绪，气病了，不划算。对于一个学习中华优秀传统文化的人来说，比金钱更重要的是学会超越和管理情绪。第二个层面，要合理合法地要，但不能太注重结果。你仔细想，人生哪里有结果？人生只有当下。每一次呼吸，我们的生命就转换一次，"从前种种譬如昨日死。从后种种譬如今日生"，生死真是在呼吸之间。我讲的这个"生死"不是狭义上的生死，是生命不断地在"这一刻"转换它的存在性。当然，这是从哲学层面讲的，我们还是要讲实实在在的传承，只有"放下的拿起"，才是真拿起，在这里，我主要是让大家学会辩证法。所以，我说得去要，但是不要太注重结果，一旦注重结果，一定会焦虑。

第三个层面，我的课不要钱你为什么没报，他的课学费那么高你为什么报了？再说假如你没有看到那则广告呢？由此引导这位同学从形而上思考问题，形而上思考问题的最大好处是可以从根本上消除焦虑。

王阳明讲"无善无恶心之体"，就是讲了一种没有善恶分别的境界，就是"面缸里"的境界。"面包"和"面条"在大街上打架，不亦乐乎，这时候听到一个声音："别打了，回来看看吧！""面包"和"面条"相约回到"面缸里"，"哈哈，咱都一样"。我在《醒来》这本书里，写了一章，就是《都一样》，为什么要讲这个呢？因为《都一样》已经到达道学层面。我也写了《我错了》《我爱你》《这一刻》。《我错了》《我爱你》这些章节，主要讲的"善学"，到《都一样》《这一刻》，就已经讲"道学"了，它是一个"面缸里面"的世界。这是王阳明"四句教"讲的四个层面。

再倒过来看一下，就更有意思了。"无善无恶心之体，有善有恶意之动，知善知恶是良知，为善去恶是格物"。第一个层面，首先给我们建构了一个道学层面，没有分别的本体层面，也就是"人法地，地法天，天法道，道法自然"的那个"自然"层面，本来就是那个样子，不要问为什么。因为你一问，就进入意识了，就从"面缸"里出来了，要让"面包"去理解"面粉"是很难的。因为它里面已经含了水，含了火，含了人工，含了时间，含了微生物，已经发酵了。

"无善无恶心之体"，就是"性"的层面，"有善有恶意之动"，念头一动，就进入"心"的层面了，接着，第三个境界现前。一个能察觉这个念头是"善"还是"恶"的那个"我"就出来了，这个"我"，王阳明把它叫"良知"，也是我这些年讲的感受力、判断力、行动力、持久力、反省力的那个"反省力"。最后一个是"秩序力"。把前五个"力"建立起来，它就形成生命的自动化过程，有了秩序。整个宇宙就是一个自动化运转的秩序。企业文化也是一个秩序。形成秩序就不需要董事长太操心了，因为大家已经进入轨道，进入一个轨道以后就好办了。卫星进入轨道之前，大家最提心吊胆、最操心的就是火箭发射的过程，无缝对接的过程。家风也一样，当把一家人送入家风的轨道也就没问题了。

把这个"良知力"找到之后，接下来做功课的地方主要在"善学"层面，就是王阳明讲的"事上练""知行合一"的层面，就是"为善去恶"。宁王用十年时间准备造反，王阳明要平叛，但他没拿到皇帝的圣旨，这是违法的，如果按照当时的善恶标准，这是"恶"。不平叛，江山就易人，更重要的是，千千万万的老百姓要遭殃。比如说，宁王要从南昌打到北京去，多少生灵要涂炭。那到底哪个是"是"？哪个是"非"？哪个是"善"？哪个是"恶"呢？没有判断力，怎么决定这件事情？最后，王阳明没有以国法为最高准则，没有以遵守圣者为最高准则，没有以抗者为"恶"，以遵者为"善"，而选择了超越规则之上的规则，超越社会法之上的"法"，那就是"良知法"。

"良知法"其实就是"人法地，地法天，天法道，道法自然"。大地的品质是生长、奉献、平等、承载、包容、担当、稳定、绿色。就是不让老百姓丧失生长力，不让老百姓遭难，保持江山的基本稳定。在几个规则之间，他权衡再权衡，最后，选择了社会性规则之上的大自然规则，那就是尊重生命、保护生命。从另外一个层面来讲，事其主则尽其忠。王阳明选择了更高意义上的忠。

通过这个案例，我们能够体会王阳明讲的"致良知"

的"良知"的用法，这是第三个层面，就是应用"道学"的那个最高标准去关照"善学"，把"善学"做得尽可能妥善。在"善学"层面，我们只能尽可能地接近完美。换句话说，只有回到了那个"无善无恶心之体"的世界，才是绝对完美，只要从那个世界出来，只能接近完美，把损失降到最小，把伤害降到最小，把"爱""仁""义"做到最大化。

第二十三讲　体用妙在现场里

　　到后面，王阳明特别强调"事上练"，"练"什么？
"历事练心"。"无善无恶心之体，有善有恶意之动。
知善知恶是良知，为善去恶是格物。"做一万件事情重
要，但不是最主要的，最重要的是通过做一万件事，来
随时随刻管理念头，从"心"的状态回到"性"的状态，
强化随时"回家"的能力。

　　小时候，有件事对我教训很深刻。过六一，要到几
座山的外面去，结果走丢了，找不到回家的路了，当时
非常恐惧，所幸有同伴。第二年过六一的时候，就有经
验了，走的时候让老娘掏了一包灶灰，装在一个袋子里面，
走一段路，撒一把灰，返程时，沿着那个灰线就找回去了。
所以，一个人要学会随时留下"路标"。但现在的人太

匆忙，把留"路标"的事忘了，就往往找不到回家的路了。曾经，住宾馆常犯错误，把行李一放，到外面游览回来，就忘了住哪个房间，要到前台去查。现在我就强制性地养成习惯，到房间，第一件事情，把房卡先装在衣兜里面。

事上练久了，心量就变大了，而"上苍按照一个人的心量配给能量"。许多志愿者的孩子，原来很叛逆，父母就到"寻找安详小课堂"听课，明理之后，就做志愿者，在做志愿者的事上练，做着做着，孩子就"归位"了。因为在做志愿者的过程中，减少了控制欲、占有欲、表现欲。许多抑郁症的孩子，你去调查他的爸爸妈妈，他们普遍的占有欲强、控制欲强、表现欲强。我说的是普遍性，当然也有差异性。我只管把每天的事情做好，明天发生什么我不管，我是这样播种的，大地一定给我对应的成长。因为我相信大地，大地有增值效应，一个玉米种子会长出那么多玉米。但问耕耘，莫问收获，要相信大地。

一切学问不就是"人法地，地法天，天法道，道法自然"吗？伏羲氏的学问怎么来的？"仰则观象于天，俯则观法于地，"最初，没书看，古人只能"仰观于天，俯察于地"，也就够了。由此可见，人文是天文的投影。

人理是地理的投影，地理是天理的投影，天理是道理的投影，由道理到天理到地理到人理。人的"理"就是"五伦"，"仁义礼智信"。"仁义礼智信"不是儒家创造出来的，是从道理到天理到地理到人理，一层一层投射出来的。"君子务本，本立而道生"。先把"回家的路"记好，再出去"旅行"。现在，我们开发了无数的"旅行线路"，却把故乡忘了。由此可知，中国文化为什么那么注重天文。

给大家再讲一讲王阳明的"四句教"，什么叫"心性之学"。"无善无恶心之体，有善有恶意之动，知善知恶是良知，为善去恶是格物。"在我们的生命中至少有两个"我"，一个"我"是起杂念的"我"，一个"我"是能够发现这个起杂念的"我"的"我"，我们一生起了无数个杂念，但是有一个"我"始终不变，就是那个"发现者"。善的我，恶的我，是的我，非的我，它都像镜子一样映照。

不变的"我"，就是"一"，就是"道"，就是"自然"。我讲的这个"自然"就是老子讲的"道法自然"的那个"自然"，不是我们今天讲的"大自然"。而一个人找到这个"我"，慢慢地就有了安全感。许多抑郁症患者，当我们帮助把这个"我"找到，就慢慢地康复了。

在《寻找安详》这本书里，我用大量的篇幅给大家介绍了"现场感"，因为我觉得它太重要了。

古人在教育孩子的时候，"训蒙养正"部分的课程，核心的内容之一就是"现场感"训练。曾国藩为什么要静坐？"梦里明明有六趣，觉后空空无大千。"坐着坐着到了一种境界，活着活着到了一种境界，什么境界呢？"吾心似秋月，碧潭清皎洁。无物堪比伦，教我如何说？"真正的教学，就是我坐在这里，你坐在那里，我动个念头，你就接收到了，教学就完成了。但没办法，用心来印心照心的那种时代已经过去了。我的心就像秋天中秋节的那个月亮一样，就像明月照在碧潭里一样，清清的水潭，"无物堪比伦"，没有什么可跟它相比，太美好了！你教我如何说呢？我说出来的都不是我体会到的。

我们的课程跟别的课程不一样，我们不追求热闹，我们追求的是这种宁静、灿烂、温暖、美好。有了这个境界，在任何时候，你都能体会生命的美好，就会安处。"春有百花秋有月，夏有凉风冬有雪。若无闲事挂心头，便是人间好时节。"春天有春天的美好，夏天有夏天的美好，秋天有秋天的美好，冬天有冬天的美好；十岁有十岁的美好，二十岁有二十岁的美好，三十岁有三十岁的美好，八十岁有八十岁的美好，只要你的心"似秋月"就行。那个"秋月"不会随着四季变化，所以要找到这个"发现者"，我们就基本上找到了心性的"性"。苦，我也观照它；乐，我也观照它；赚钱，我也观照它；赔本，我也观照它；提拔，我也观照它；降级，我也观照它。只是看着就行了，就像看一场戏一样。"是非成败转头空"，不空的是什么呢？就是那个"观照者"。

如果这样讲，大家还不好理解，我再举一个人人可能都体验过的情景，你离开家很远了，又回去试着关一下门。你为什么要回去再试一下？因为你在关门的那一刻，不知道在关门，如果知道了，就不会返回了。那么，这种不知道有多危险呢？我们做一个推理，你在关门的时候不知道在关门，那很有可能在幸福的时候不知道在幸福。我们口口声声要找幸福，但是现在幸福的蝴蝶就在肩膀上，你却浑然不觉，却满世界地找幸福。我本来就是一个百分之百的快乐，我本来就是个圆满，但是我们却被诱导到外界寻找快乐。在一定意义上讲，幸福就是我们对生命本体的体会而已，我把它叫作"幸福力"。经过这样的描述、这样的体验，我们就对"心性之学"有了比较清晰的认识。

我们就会知道王阳明为什么会说"圣人之道，吾性自足"，人人有，不只是圣人有，王阳明说得对，"满大街都是圣人"。那什么是凡人呢？睡着的圣人。什么是圣人呢？醒来的凡人。怎么睡着的呢？不知不觉之间"意之动"了，"无善无恶心之体"，有善有恶是因为"意"动了，"心"动了。所以，我这几年常给"寻找安详小课堂"的同学讲，平时要"练"一个"功夫"，遇到任何事情不动心。

曾国藩有一个弟子非常厉害，叫罗泽南，他当年跟太平军打仗中弹，临死的时候说了一句话，他说："人在慌乱中而不失去定力，这才是真正的学问。"我们一慌乱就失去定力了。我常给大家讲，在办课程的时候也要练习这种力量，因为我们办课程，大家来自五湖四海，啥事儿都能遇到，要处变不惊、临危不惧。缓事急办，急事缓办。越缓的事情，要越急办，越急的事情，要越缓办，这是辩证法，也是"心性之学"的应用。

有些朋友给我讲，为了到处听课，花一百万二百万，现在看来，太冤枉、太浪费、太辛苦。对于大多数求学的人来说，这是必须经历的，从繁华到简约，我也是这么过来的。但真正的智者，走得弯路少，这也是福气的体现。我们有几位志愿者，一进"寻找安详小课堂"就再不挪窝了，进步很快。现在遇到那么难的问题，他们一件一件地在解决，解决问题既靠能力，更靠能量，既靠知识，更靠智慧。

这就是中华古典教育，它的整体性教育、系统性教育、全过程教育的第二个板块——心性教育。它是贯穿在私塾家学、书院乡学、贡院国学，包括古代的寺院道学的全过程。大家都知道古代的寺院，包括范仲淹读书的醴泉寺，那些方丈都是很有学问的。方丈给范仲淹讲《周易》，讲《大学》。所以古代的寺院更接近于教学机构，它是一个完善的体系。

第二十四讲　人格审美拨千金

　　道德之学，首重孝道和师道，首重忠和孝的教育，也就是人品的教育、素养的教育，比如孝、敬、勤、俭，比如古人讲的"五伦""五常""八德"。而训蒙养正是基础，教程内容主要有"三百千"（《三字经》《百家姓》《千字文》），到清朝加进去《弟子规》，有的加进去《孝经》，以《孝经》为首，成为"孝三百千弟"五部经典。有的加进去《朱柏庐治家格言》，"孝三百千弟朱"六部经典。

　　中华文化有一个重大的特征就是审美性，我们看中国美术史，山水精神是主线。许多人家都挂山水画、四条屏"梅、兰、竹、菊"，在家里植入山水的想象。这属于自然审美，还有道法审美。我们千百年来传颂的古圣先贤，都被审美化。最后就是生命的本体审美，"吾心似秋月，碧潭清皎洁。无物堪比伦，教我如何说。""独坐幽篁里，弹琴复长啸。深林人不知，明月来相照。"他时时刻刻把生命带向故乡、带向本体。

当一个人把他的审美定到本体审美的时候，他就从低层次的审美脱落了，就不会去贪图物欲了。而当一个人把审美定到道德审美的时候，他的物质审美就脱落了。

我曾经讲过三大文化比较，就是古印度文化、古中国文化和西方文化。我们从它的侧重点比较：西方文化比较注重物质审美，它追求的是物质最大化，所以西方人会侵略，会把别人家的好东西拿到他们家，放到他们家博物馆，还说很好看。我们的博物馆也有外国的文物，但不是掠夺来的。西方的审美文化决定了他们的军事策略、政治策略、经济策略。而古印度，人们觉得活着就是一场梦，所以古印度人不记历史，记梦有啥意思？有人分析，印度人为什么这么做？因为太热了。印度人为什么发明了瑜伽？就是为了抵抗炎热。而只有中国刚刚好，"春有百花秋有月，夏有凉风冬有雪"。

中华文化，它既注重物质审美，又注重精神审美。随着朝代更迭略有变化，有的朝代喜欢瘦，有的朝代喜欢胖。比如瓷器到了明清，纹饰非常繁复、复杂，不像汉唐时简约。

而一个人，他把他的审美停留在物质层面，这个人肯定就以"玩物"为他的人生兴趣，有些人的"玩物"到了"丧志"的程度，玩石头，玩烟斗，收藏铜钱，等等。我当年也差点被这些东西"绑架"，拿着放大镜，这瞅一瞅，那瞅一瞅。出差先到文物市场去，到琉璃厂去，后来幸亏觉悟了，赶快把这些送了人。当然，我这样讲不是指责这些收藏家，真正的收藏家也很有爱国情怀，也需要好好地珍重，但不要"丧志"，就是不要人人都在那个层面，博物馆还是要好好建的。

多数人的审美是情感审美，我在《醒来》一书里，把人的境界分为五个层面："物我"（物质的我）、"身我"（身体的我）、"情我"（情感的我）、"德我"（道德的我）、"本我"（本质的我）。每高一层"我"的认同，审美就跟着提高一个层面。比如文学作品，大多数内容侧重于情感审美，打动人的就是情感，但是到了《道德经》《周易》，那就是一种宇宙审美。当然《道德经》《论语》里面都有交叉，侧重点不同。读《黄帝内经》就会发现它早就在讲"现场感"了，"精神内守，病安从来"，内守精神，不就是"现场感"吗？孟子讲的"学问之道无他，求其放心而已矣"，把放出去的心随时收回来，这就是学问。

　　而一个人的审美层次越高，他会活得越简单。《朱柏庐治家格言》是挺厉害的，他从"俭德"讲是对的。把物质的重量放掉、把身体的重量放掉、把情感的重量放掉，回到本质，回到轻盈状态，其实就是一层一层解放，最后回到一种"大自在"的状态。本来就在，还在哪里寻找？过"自在"的人生，"自在"就不求人，就不要求人，但凡还求人，还要求人，那就"不自在"。

　　大家说，不对啊！我要赚钱，我要给员工发工资，我怎么能不求人呢？我要求客户，这是事上讲的。其实真正"大自在"的人，他不缺员工，为啥？"人能常清净，天地悉皆归"。如果说一个人真"自在"了，他就会从财富的第一个层面跃升到第三层面。第一个层面，人追财富；第二个层面，财富追人；第三个层面，人就是财富。

　　我曾在一次答疑的时候，开过一个玩笑，我在获鲁迅文学奖之后，有人看着我的字写得好，就要做我的经纪人。他说："我每年给你一百万，你给我写多少字；但我们要签个协议，从此以后你就不能给第二个人再送字。"我当时还一动心，心说一百万，比我的稿费高多了。但后来想了想，谢绝了，因为志不在此。当时我还没悟到财富的三个层面。

这个时候我们再回过头来看朱柏庐写的"器具质而洁，瓦缶胜金玉；饮食约而精，园蔬愈珍馐"。到了本质层审美的时候，人吃啥都是香的，因为他的能量级特别高。这个香来自能量而非食物，食物不过为能量"变成"香提供了媒介。

前面讲过，我们回想一下，家里的那些东西，有多少件是必需的？所以老子提醒我们"多藏必厚亡"。这个"亡"，既指的是我们的生命，又指的是"藏"的这些东西，就等于把我们的一部分生命力压在那里。古人认为财是水，流动起来，才吉祥如意。但是说起来容易，做起来难。前两天我太太把我的一件衬衫送人，我回来还责怪她，我说："这件衬衫我可喜欢了，你怎么送人了？"但是后来一想，对，既然"都一样"，穿哪一件都一样。古人修学，从哪里下手？难舍处舍、难忍处忍、难让处让，不然何以见得你的功夫呢？"荣辱不惊，得失不惊"，那是不容易做到的。

我在《寻找安详》一书中曾详细写过一个故事，这里简要讲一下。有一天，苏东坡打坐，境界很好，下坐之后，写了一首偈子："稽首天中天，毫光照大千。八风吹不动，端坐紫金莲。"然后就派人送给佛印老和尚。他认为，佛印和尚会给他点赞，没想到回信只有两个字："放屁"。苏东坡赶过江去讨说法。到了金山寺，却见禅门紧闭，门上贴着一张纸条，写的是："八风吹不动，一屁打过江"。

这个故事说明什么？说明一个人要想到达最高审美是很难的，要想管理情绪是很难的，"无善无恶心之体"是很高很高的境界，王阳明的境界是很高很高的，好多人的"意"就动了，一动就粘在"物"上去了，粘在"情"上去了，粘在"概念"上去了。"有所忿懥，则不得其正；有所恐惧，则不得其正；有所好乐，则不得其正；有所忧患，则不得其正"。"人之其所亲爱而辟焉，之其所贱恶而辟焉，之其所畏敬而辟焉，之其所哀矜而辟焉，之其所敖惰而辟焉。"这是《大学》讲的。"喜怒哀乐之未发，谓之中；发而皆中节，谓之和"。这是《中庸》讲的。那个"中"就是"面缸"里的世界，"和"就是从"面缸"里出来，我还能回去，从"面缸"里出来，我还不变质，这是"中庸"。

中国文化的一大特征就是"亲生命性"。一个人的审美层次越高，这个人的"亲生命性"就越强。《朱柏庐治家格言》在后面讲到"勿贪口腹而恣杀生禽"，主要也是从"亲生命性"讲的，越带有活性的东西我们要越尊重。我们为什么把一棵稻子的成长人格化，让大家去进行审美、欣赏，就是体会那种"亲生命性"、生机性、活性，也就是"人法地"的那个"地德"——生长性。

第二十五讲 彩云之上不用伞

    "教子要有义方"的第二个层面，就是"地法天"了。我们可以从《周易》的乾卦里面去体会"天道"。大地再有本事，再有能耐，种子到了它的怀抱里，如果没有雨水，也无法生长；没有阳光，也无法生长；没有空气，还是无法生长。所以"天道"，我们在乾卦里面把它归纳为"自强不息"。"自强不息"，这是中华民族的一惯性，我们看乾卦的六个爻，就知道"天道"的大概。

    古人把阳爻称为"九"，把阴爻称为"六"，乾卦全阳，依次称为初九、九二、九三、九四、九五、上九。

    初九"潜龙勿用"，相比于一个人的成长和求学阶段，这个时候要专心学习，不要想别的事情。到了第二个层面，九二"见龙在田"，表现一下子，试一下子，就像实习。到了第三个层面，九三"终日乾乾，夕惕若厉"。"夕惕若厉"就是古人观天象的时候，白天也要观，晚上也要观，一刻都不敢马虎。比喻为我们工作要兢兢业业，付出不亚于任何人的努力，把缘分用到极致。善待每一个人，善待每一件事，善待每一个缘分，就是习仲勋老先生讲的"工作好，学习好，一切事情都处理好"，虽然很朴素，但道理很深。到九四的时候，就变成"或跃在渊"，从深渊里一下子跃出来了，爆发期。对企业家来讲，就是一个"井喷期"；对家族来讲，是出人才的时候；对生命来讲，是辉煌的开始。这个阶段过了之后，就到九五"飞龙在天"，那是最好的状态，但是有许多人，到达不了第五爻，好多人到达第四爻就不错了，极少数的人可以达到"飞龙在天"。如果再往上，走到上九，那就"亢龙有悔"了，就走向反面了，就要往下坠落。中国人主张到第五爻，那是最好的状态。"花未全开月未圆"，是最好的，花全开了，就不好了，月全圆了就要缺。

怎么保持这种圆满呢？事上的花开，心上的花不要开，做好螺旋式上升的准备，迎接下一个"飞龙在天"，迎接下一个缘分到来。一旦把由高潮到低谷自觉化，高潮和低潮的区别事实上就没有了。人最怕的是在不自觉状态被推到低谷，就受不了。中国文化讲"中道"，把"乾卦"一读，就更加明白了。

这是一个不断认知的过程，就像我的书名。从最早的《空信封》，到《点灯时分》，到《大年》，到《农历》，到《寻找安详》，到《醒来》，到《中国之中》，再到短篇小说集《吉祥如意》，变成一种美好的祝福，《吉祥如意》，就是"地法天"。"法"什么呢？"法"一个"健"；"法"一个"不息"，自强不息，生生不息；"法"一个"自强"，命运掌握在自己手上。

"教子要有义方"，按照"地法天"来讲，主要是要教孩子给自己的命运当家作主，让他认知到命运由自己来掌握。因此就从"宿命论"、从"消极论"里面解放了，就不会轻易被命运打垮，这非常关键。

从"天道"里我们还会学到许多东西。我第一次坐飞机，悟到了一件事，就是一个人随着飞机穿透云层的时候，突然发现云层下面那些烦恼没有了。不信你们试试，飞机一上云层，你发现心就空了。我一下子理解了一个词，只有"高"才能"空"，"高"不到那个程度，就"空"不了。老子讲："吾有大患，为吾有身。及吾无身，吾有何患？"

中国古人在"人法地，地法天，天法道"里面，看到了许多东西。为什么人在危急的时候，一掐人中就清醒了呢？这是调动生命的两大特征"水""火"。我们看，做饭的时候，中间是锅，锅里是水，下面是火。只有这样，才能把饭做熟。古人用三个"阴爻"来代表水，用三个"阳爻"来代表火，就构成了"泰卦"。一掐人中这个地方，上面的"水"下来，下面的"火"上去，这叫"水火既济"，人就活了。拿"乾""坤"两卦来讲，"泰卦"恰恰是"坤卦"在上，"乾卦"在下，这就是"泰"。有一个成语叫"否极泰来"。"否卦"和"泰卦"是相反的。我们就能理解为什么只有"高"才能"空"。反过来，只有"空"了，才能"高"上去，如果我们的重量太重，就上不去。飞机起飞的时候，为什么要先向大地排气？为抗拒地球引力。把地球引力一摆脱，飞机就平稳飞行了。克服生命的重量，就成了生命的重要学问。

到飞机之上，跟大地一对比，就会多多少少能理解老子讲的"地法天"，《清静经》讲："天清地浊，天动地静。""降本流末，而生万物。"由此，我们对"天道"也可以像"地道"那样去总结几个品质。

第一，"永恒性"，就是"生生不息"的那种"不息"；第二，"空性"；第三，"广阔性"；第四，"轻盈性"。所以中华民族以"龙"作为民族象征，综合了"地道"和"天道"，从二维"地"的平面上升到三维"天"。所以，"天道"就是让我们把最基本的二维认知、二维思维、二维气象变成三维，向四维扩展，把生命的固化变成流动性，最后变成"空性"，这个"空"不是什么都没有的意思。

有一天，我突然发现一个问题：一到阳台上，我就喜欢向左看，左边是阅海湖，不喜欢向右看，右边全是高楼大厦。水，它给我带来的审美就超过了高楼大厦。然后再一抬头，上空是天空，但是对于低频的生命，在高空是受不了的。"高处不胜寒"，这个"寒"指的是寂寞。一个能享受寂寞的人，就是孔子讲的"人不知而不愠"的君子。从"有朋自远方来"到"人不知而不愠"，其实上了一个境界，就是能由外在的审美、热闹的审美、繁华的审美到内在的审美、安静的审美、本质性的审美。

接下来是"天法道"，那个"道"就没法说，否则的话，老子早跟我们讲了，老子留下的遗憾就是"道可道，非常道；名可名，非常名"。当然有多种解读，也有人解读，能说出来的那就是"常道"，没说出来的叫"非常道"。

有飞机我们还能体会一下在高空的感觉，没有飞机的时代谁能想象彩云之上啥样子？所以，据说那些宇航员从宇宙太空回来，就把世事看淡了。

我常在想，拍《西游记》时真是难坏了美工，为什么呢？"孙悟空大闹天宫"的时候要闹天宫，天宫是啥样子？要想把天宫描述出来，首先要去过天宫。哪一个美工去过天宫？所以就用模拟的方法放一点云雾，象征天宫。玉皇大帝谁见过？当然，圣人在极其清静的状态可能会感受到宇宙真相。但是，老子给我们至少指明了一个方向，"天"是可以法"道"的，最后又加了一句"道法自然"，让我们找到那个究竟状态的本体，让我们的"天人合一"到达一种究竟状态。

这样，我们再回头来体会"居身务期质朴，教子要有义方"，就知道啥叫"义"，啥叫"方"，不然怎么去教孩子？至少知道生命的边界在哪里，生命的可能性在哪里，宇宙的可能性在哪里，我们就不会被自我认知所束缚。

"居身务期质朴，教子要有义方"。教书的人应该先明"道"，先去"明明德"，只有教书先生"明明德"之后，才能去教学生。教书就是亲民，老师的"亲民"

就是教书，点亮心灯，把一盏灯变成一万盏灯。最后，通过这一万盏灯的映照，"止于至善"。

"天命之谓性"，要理解什么叫"天命"，首先要知道啥叫"天"，"天"是中国人可以代指一切可能性的概念。中国人在紧急的关头，要么喊"娘"，要么喊"天"，我在《醒来》一书里就应用了这个概念，把它用另一个词来代替，就是"上苍"。"上苍按照一个人的心量配给能量，能量的配给是通过缘分实现的"，这就是"居身务期质朴，教子要有义方"的"义方"。

我们从王阳明的"四句教"讲到了不同层面的妥善。这个不同层面的妥善，也是朱柏庐在《治家格言》后面讲的"守分安命"的那个"分"，做儿子的把儿子的"分"找到，做女儿的把女儿的"分"找到，做爸爸的把爸爸的"分"找到，做领导的把领导的"分"找到。这叫"守分"，这是不同的角色，不同层面的合法性、合理性。古人教学从《小学》到《大学》，《大学》就是"明明德""亲民""止于至善"。《小学》从洒扫应对，从孝道、师道、勤、俭、习劳做起，从做人做起，然后再推进到做事，这就是"义方"。

我们从老子讲的"人法地，地法天，天法道，道法自然"，结合王阳明的"四句教"，讲了中华古典教育里面的生存教育、心性教育、道德教育、审美教育、劳动教育、知识教育。我们也把生命的审美从物我、身我、情我、德我、本我五个层面给大家做了一个描述，当然这都是用语言文字对"道"的一种二次表达，都是转义，想要深入理解本意层面上的"人法地，地法天，天法道，道法自然"，还要靠我们去"知行合一"式地亲证与体会。你看"证"，看它的繁体字的会意，就明白了。就是必须去"证"，去实践。所以，我们最为重要的方法论，就是实践，通过不同的实践的切口，把大家带向"故乡"。

第二十六讲　意外之财不可贪

所有的问题都是教育问题。所以古人讲"建国君民，教学为先"。我们从"人法地，地法天，天法道，道法自然"这个系统，结合王阳明的"四句教"，结合我理解的中国人的教育智慧：全系统教育、整体性教育的生存教育、心性教育、道德教育、审美教育、劳动教育、知识教育来给大家汇报了我理解的"义方"。这个"义"，繁体的"义"，上面是个"羊"，下面是一个"我"，有各种解读。但凡跟"羊"有关的字，一般都代表着美好。"义"向美好方向引申，就渐渐地被演绎成为"牺牲自己的，承担的，高尚的"，我们常讲的"义举""大义""道义"用的就是这个意义项。我常常把它解读为"最合适的，最妥当的，合道的"。前面我是从"最合适的，最合理的，合道的，妥善的"这个角度给大家做了解读。

朱柏庐在讲了"义方"之后，接下来怎么展开"教子"的呢？

第一句，"勿贪意外之财"。朱柏庐非常了解人性，"教子"首先教什么？不要被财绑架。古人说，"人为财死，鸟为食亡"，这是人的惯性，人的占有欲往往从贪财开始。没有钱确实无法过日子，特别是在现代社会，但是如果被财绑架，也是很可怕的一件事情。

"意外之财"很好理解，就是意料之外的。那么，要获得什么样的财富呢？当然是"意中之财"，是通过汗水和劳动可以评估的财富，比如说一个月的工资，这是劳动所得，它是一种对等关系。

其实人的一切外延，都是能量变的，财富是哪里来的？财富是我们的"精、气、神"变的。说得通俗一点，财富也是福气变的。如果获取的跟劳动不对等的财富多了，等于把我们的福气压在那里了，属于我们的一份"面粉"如果不变成财富，就变成长寿、康宁、好德、善终，如果它全变成财富了，属于长寿、康宁、好德、善终这一部分的福气就少了。朱柏庐教育子女是很智慧的，传家靠什么？靠的是长寿、康宁、善终，特别是好德。"生而贵者骄，生而富者奢，故富贵不以明道自鉴，而能无为非者寡矣"。靠财富传家，如果没有"明道自鉴"，是传不下去的。古人明白这个道理之后，就教育子女"勿贪意外之财"。

朱柏庐也没有过激地讲，我就不要财富。他在这里用了一个中性词"意外之财"，就是让人不要心存幻想。现在有好多人想获得"意外之财"，想把一块钱一夜之间变成一百块钱。这种心理害苦了好多人。"投资"跟"投机"一步之遥。稻盛和夫在《活法》一书中讲，有人让他投资一些高暴利行业，他不干。他说财富一定要扎扎实实地用汗水和心血获得。孔子讲："不义而富且贵，于我如浮云。"朱柏庐用"意外"两个字，让我们警惕妄想，把"意外"要变成"意中""意内"，过一种平稳的、可持续发展的安全的生活。

范仲淹当年在醴泉寺读书时的故事，可以很好地说明这个问题。范仲淹两岁就丧父，母亲带着他改嫁，他随母亲跟着继父生活。估计在继父家生活得不是特别愉快，就到醴泉寺去读书。过的什么生活？晚上烧一锅粥，晾成半凝固状态，划成十字，第二天早晨吃两块，晚上吃两块，就着咸菜，这就是著名的"划粥断齑"。天天如此，他的好朋友看不过去，给他钱，他不要。

一天晚上，有一对老鼠跳到他熬粥的锅里了，一追，不想老鼠吱吱吱把他引到了一棵荆树下，树下有两个洞，一个泛黄光，一个泛白光。他就很奇怪，跟着那只老鼠，老鼠好像在向他打招呼的样子，招呼他来来来。他就拿锹一挖，一池黄金，一池白银，但是范仲淹一点都没动心，把它原封不动地封上，啥话都没说。按说他获得这个财富应该没有问题，但范仲淹不这么认为，为什么？对他来讲，这不是劳动所获，它是"意外之财"。

这个故事讲了范仲淹修为、修持中的一个品性，就是我在前面讲的"不动心"。何以检验一个人的"不动心"？在重大诱惑面前不动心，这才叫真不动心。这样的人，他才能真正地做到"先天下之忧而忧，后天下之乐而乐"。

由此，我们可以看到古人对财富的理解。我们看"高贵"的"贵"字怎么写？上面一个"中"，下面一个"贝"，把钱放在最下面的人就是"贵"。

《大学》讲，"货悖而入者，亦悖而出"，古人知道，财富是用来"养道"的，有一句话叫"无财不养道"。所以，智者对财富的理解就是我创造财富，使用财富，但是必须"助道"。因为"助道"的时候，相当于得之于大地，又回归大地，这样的财富，古人名之为"吉财"。如果一种财富没有给一个人带来"吉"，而带来"凶"，古人名之为"凶财"。古人对孩子的教育，非常注重让孩子辨别财富的吉凶属性，面对一份财富，要考量是"吉财"，还是"凶财"，因为财富它有两面性。所以，创造财富是一种智慧，而使用财富是更高级的智慧。这就是朱柏庐教子的第一课，要他"勿贪意外之财"。

现在许多被电信诈骗的朋友，你去问，百分之八十的都动了个念头："意外之财"不要白不要。人家说，你买了东西给我把钱打多了，我退给你。把账户给人家，身份信息给人家，卡上的钱瞬间蒸发了。"意外之财"必定是"意外"的结果。孟子讲"出乎尔者，反乎尔者"，给别人的，别人会还给我，同理，意外之财，怎么获得的，一定会怎么失去。要让孩子从小就养成对财富的正确认识。在商业社会，不可能不让孩子去赚钱，但是要赚对应的钱。范仲淹一度觉得自己拿的薪水太多。当一个人对财富这样理解的时候，他就会愿意去效法"地德"，生长、奉献，多奉献，少获得。你给我工资我也好好干，不给我工资我也好好干，因为我干是发挥我的生命价值。

还有一些同志，不断地要求老板给他加工资，但是工作起来偷奸要滑，这也是"意外之财"。古人特别强调对公共平台上的财富不能多得一分一毫。所以《朱柏庐治家格言》后面还讲到"国课早完，即囊橐无余，自得至乐"。古人认为，我们如果占的是国家便宜，那欠账就更麻烦。古人认为"不与取"就是偷，别人没同意，拿到了别人的财物，这就是偷。这样教育子女有什么好处呢？做了官不会贪。但是在人的生命惯性中，旧记忆里最难摆脱的，就是对财富的占有。所以当孔子讲"不义之财"的时候，我们看到他用的词是"于我如浮云"，真的是"浮云"，谁把"浮云"放到保险柜里？

那大家说自己现在没财富，没有安全感，怎么办？我常常给一些有焦虑感的朋友讲，我说每个人都是带着他对应的口粮来到这个世界上的，每个人都是带着他的"工资卡"来的。

朱柏庐是智者，他从人性的最弱点开始讲起。现在国家开始讲"共同富裕"，富翁中的"觉悟者"，就自觉把财富跟国家共享。这个时候，也是对一个人的考验，大家也许会说，这是我辛辛苦苦赚来的钱，为什么要给他人？显然，这些同志，没有认识到生命是一体的，没有认识到张载讲的"民胞物与"，没有认识到"你就是我，我就是你"，没有意识到什么叫"共享"。"看破的糊涂，清醒的睡着，放下的拿起，给予的获得"，给出去了，就获得了。

我们要通过读历史去理解财富，看看财富是怎么聚散的，看看有钱和无钱之间是怎么转换的。每一次王朝的更迭，都是一次财富的再分配。古人目光长远，他们教导孩子不依靠外在条件传家，要依靠本领传家，依靠品质传家，依靠"向内寻找"传家。他知道"向外"靠不住，所以"教子要有义方"，这个"义"，这个"方"，首先从对财富的理解开始。除了"吉财""凶财"，还有"道财"之说，"道财"一般人是拿不走的，能拿走的都不是"道财"。

展开来讲，我们选择职业，也要有智慧。那孩子考完大学以后，到底报什么专业？有些家长是冲着钱去的，哪个职业最赚钱就报哪个。而有智慧的家长哪一个职业最积德、最积福就报哪个。古人认为，有两个非常吉祥的职业，一个是教师，一个是大夫。

择偶也同样，选择太太，选择先生，不仅要看他是否有钱，更要看他是否有德行。当然，如果特别有德行，又有财富，那就是"双赢"。但如果没有德行，只有财富，就很危险。"勿贪意外之财"，可以做很多延伸。

第二十七讲　戒贪之人福无边

　　朱柏庐教子的第一课，要他"勿贪意外之财，勿饮过量之酒"。朱柏庐很智慧，讲完人性的弱点之一"贪财"，接下来是什么呢？"贪酒"。其实，贪财和贪酒有时候是一体两面。我有一个同学问我，知道有些人为什么拼命地赚钱吗？我说不知道，他说就是贪这一口。细想，有一定道理。媒体报道，有许多官员，打开他的地窖一看，就像是茅台酒厂，有的酒的包装里还藏有红包。你看，"酒"和"财"是连在一块的，他为什么送你酒？他不想要获得"意外之财"吗？

　　《论语》里面讲，孔子"惟酒无量，不及乱"。有人就抓住这句说，孔子酒量很大，但从来没有喝醉过。我的理解是，孔子不给大家定酒量，原则是别喝醉，不要出乱子，这是儒家对门人的要求。有一些学术团队，会严格地戒酒。

中央八项规定对公务员饮酒有具体要求。为啥呢？酒桌上的恶习大家都知道，喝不醉不够哥们，不跟你签合同，不批款，好多企业家可能都吃过这个亏，受过这个气，对不对？所以，中央八项规定是对人的保护，对人的生命力的保护，对一个民族"精气神"的保护。同时，也让大量的粮食免于浪费，酿一瓶酒需要多少粮食！"勿饮过量之酒"，从此可以看出朱柏庐的儒家风范，他没有说子孙不可以喝酒，而是说可以喝一点点，但不要过量，走"中道"。但是，人生最难把握的是，怎么能做到不过量。所以有一些学习团队，要求坚决戒掉。

"持而盈之，不如其已。"老子讲的。但是人的惯性就是追求极致。我们做事的时候要追求极致，但对欲望，对于目标，要警惕"极致思维"。把弓拉得太满，往往就断掉了。所以，千万不要到"亢龙有悔"那一步。由此可知，"意外之财""过量之酒"，用词都非常精准。

儒家讲究礼乐文化，有"礼"就要有一点酒。现在的农村婚礼，其实是古礼，比如说款待娘家人，七八岁的娃娃都可能坐上席，二三十岁的人还要给他恭恭敬敬地倒酒，这就是古礼，为啥？今天人家是娘家人。平常见了面，互相打打闹闹、没大没小，但那一天，敬酒的人可要恭敬对方，因为如果娘家人不高兴，这婚礼就办不顺，这就是古礼在民间的传承。敬酒时必须是双手，如果哪一天敬酒人单手倒酒，人家桌子一掀，婚礼就进行不下去了，所以，儒家并没有做到严格戒酒。

古人认为酒有一种特殊的功用，看到人喝醉，相当于"死"了，可是过一会儿又"活"过来了，就认为酒能通天，就用它来祭祀，只有酋长才有资格拥有酒，因为酋长主管祭祀，"酒"的会意就从此而来，"水""酉"为"酒"。但现在我们把酒的用途搞错了，把它当饮料来喝了。那么从"精气神"的角度来讲，酒是粮食之精，也不应该作为饮料喝。粮食之精，是种子牺牲它的生命酿出来的，它的功能应该是养活我们的生命，而不是作为娱乐、作为享受、作为饮料来用的，更不能把它作为一种不正当的获取利益的手段来用。

"酒醉则伤身败德"。过量饮酒除了对身体的伤害，还对个人的品德和家庭有负面影响。一个人在清醒的时候，不容易做出对不住家人的事情，喝多了酒往往会做出来对不住太太或先生的事情，更不要说酒驾。

接下来讲"与肩挑贸易，勿占便宜"。贪财是贪，贪酒是贪，占便宜还是贪。人性的第一弱点就是"贪性"，"贪性"来自没有安全感，用所贪之物作为安全感的替代品。"肩挑贸易"好理解，指小商小贩。对那些小商小贩，不要去占便宜，体现了中华文化的仁爱观。

小商小贩不容易。我常常记起童年很温馨的一幕。当年，我们叫小商贩为"货郎担"，他们挑着担子，从甘肃的秦安一路走来，我们特别盼望他们来，为啥呢？因为他们把一个五彩世界挑了来。听到货郎鼓响，一村人围上去，用头发换丝线换颜色。晚上往往就住在我家了。那时候，农民多淳朴，第二天早饭一吃，又给装一些干粮，"货郎担"则用一包颜色作为谢忱。我们端午节烙花馍馍的时候正好用上，这些事，让人每每想起来，都觉得无比美好。现在，在城市，谁家会让小商贩在家里留存？

面对小商小贩，都不起占便宜的心，养成习惯，将来就不会犯大错误。同时也表达了朱柏庐对这些"肩挑贸易"者的同情和爱护，体现了朱柏庐的平民意识，也是前面讲的"地德"在生活中的应用，大地是平等的，没嫌贫爱富。

不但不贪，而且要给予，看到贫苦的人家、亲邻，要给他慰问、帮助、体恤、温暖。即"见贫苦亲邻，须加温恤。"我在长篇小说《农历》里写到了许多细节。腊月三十，全村人的对联都贴上了，父亲一看，有一家人的门上还没对联，但是红纸已经写完了，那个年代，很穷，父亲就把我们粮仓房上的对联揭下来，晚上悄悄地贴在那一家人的大门上了。总不能白着门过年，这在农村是忌讳的。

"大道之行也，天下为公，选贤与能，讲信修睦。故人不独亲其亲，不独子其子，使老有所终，壮有所用，幼有所长，矜寡孤独废疾者，皆有所养"。这是《礼记·礼运》里面的话，让每一个人都有饭吃，都有生存的权利，这就是"地德"。"人法地"，因为大地的品德，就是让每一个"大地之子"共享"地利"。

这种共享性，体现在我们几千年的历史长河里，于今尤甚。为什么要用那么大的力气消除贫穷？深层的文化就是"大同"。在翻过这空前绝后的壮美一页之后，下一步就要乡村振兴了。"见贫苦亲邻，须加温恤。"这一句，我们可以上升到国家层面去认知。因为中华文化讲一体性，你就是我，我就是你，我幸福着你的幸福，也痛苦着你的痛苦。

子贡当年问孔子："有一言而可以终身行之者乎？"孔子说："其恕乎？己所不欲，勿施于人。"我不愿意贫困，将心比心，也不希望别人贫困。圣贤境界的特征之一就是感同身受，只要有一个人还不幸福，他自己是很难幸福的。对一个无我的人来说，最后的痛苦其实就是他人的痛苦。他生命中只剩下一件事情，那就是全心全意为人民服务。生命不息，助人不止，所以"见贫苦亲邻，须加温恤"。

这些年我们国家援助了一些贫困的国家，有许多人不理解，说我们自己还有不少人需要帮助呢，为什么要帮助他们？我说那是你不懂中国文化，"凡是人，皆须爱"，从本体层面上来讲，都是同胞。所以，文化的差异性，决定了施政的方略，决定了大政方针，文化自信是我们更基础、更广泛、更深厚的自信。所以"与肩挑贸易，勿占便宜"，"见贫苦亲邻，须加温恤"，这两句话我们带着温情去体会，意味无穷。

回头再说"勿占便宜"。占便宜的心是人性的弱点。世人很难明白，占便宜和吃亏是一体两面，占了一分便宜，已经吃了一分亏，为啥呢？便宜是占到了，但福气走掉了。所以，接受馈赠，也是一个很难的课题，接受到什么程度，用什么心态去接受，很关键。接受馈赠，如果为了弘道，那还可以；如果是为了享受，肯定损福。但相当多的家庭教育缺了这一课。在学校教育里面，在家庭生活细节里面，有许多环节其实是诱导孩子去占便宜，因为不当的竞争，也是占便宜的心，把别人的那一份拿来，这不是占便宜吗？正当竞争，那另当别论。

所以，在这里，朱柏庐用意很深，让孩子从小养成不要占便宜的习惯。但人往往容易进入占便宜的惯性，我今天给你一个好处，马上一个念头起来了，啥念头？"将来你给我什么好处？"这就是占便宜的心，有所图的心。应该是我今天给你一个好处，我当下就幸福，这就对了。只要有交换的心在里面，就往往容易耗费我们的生命力，就这件事情，它用意很深，"与肩挑贸易，勿占便宜"，需要我们用心体会。

第二十八讲　吉凶就在一念间

接下来朱柏庐讲："刻薄成家，理无久享。伦常乖舛，立见消亡。"你看，前面都是培养你的厚道，接下来反着讲，一个人如果"刻薄成家"，就无法"久享"。"刻薄"好理解，用压榨，用奸巧，用强势来发家的，都很难长久。所以，曾国藩在讲用人的时候，第一条"厚道"，因为厚道是"坤德"，是"地德"。一个人的吉祥如意，一定是符合天地精神。天地精神，最为重要的，就是厚道。

因为当一个人有刻薄心的时候，他的心量就小了。上苍按照一个人的心量配给能量，刻薄的人，很难获得上苍给他的这份厚赐，格局决定生命力，所以古人讲"量大则福大"。

一个人是这样，一个家也是这样，一个族也是这样，一个国也是这样。一种文化如果以"刻薄"为主体，它对应的民族是走不远的。而中华文化养的是"中和之气"。既"刻"又"薄"，哪里有"中和之气"？不从别的方面讲，单从我们熟知的那些村落来看，但凡用"刻薄"和非常规手段起家的人家，不多几年就败掉了，而那些当年被冤枉、被委屈的人家，过上那么若干年，到了子孙辈，往往又兴旺起来了，因为人家有忠厚之气，厚德载物。如果我们认为财富是"物"，那么是什么来承载的呢？是"厚德"来承载的。"刻薄成家，理无久享"。这个"理"可以理解成"天理"，可以理解成"人理"，也可以理解成"地理"。

接下来朱柏庐讲，"伦常乖舛，立见消亡"。"伦"一般指"五伦"：君臣、父子、夫妇、兄弟、朋友。"常"，一般指"五常"：仁、义、礼、智、信。"乖"是冲突矛盾。"舛"也是这个意思，冲突、矛盾、错位。而"伦常乖舛"，朱柏庐用的话是"立见消亡"。人生最大的福气来自孝道，因为孝道是所有伦常的根基，"诸事不顺因不孝"。在这里用"伦常乖舛"来讲，不符合"人道"就不符合"地道"，不符合"地道"就不符合"天道"，不符合"天道"就要受到"天道规则"的平衡。

我在《寻找安详》《醒来》里都讲过，整个宇宙就是一个秩序。月亮绕着地球转，地球绕着太阳转，它的永久性、天长地久性体现在秩序力、和谐力，而一旦"乖舛"，这个秩序就打破了，秩序打破瞬间就要受到秩序的惩戒。交通事故就是如此，车祸是瞬间的事情，可以形象地解释"立见消亡"。离开了"吉祥如意的轨道"，一定是凶险的。"五伦""五常"，都是古人发现的"吉祥如意的轨道"，而不是编出来的。父子之间、君臣之间、夫妇之间、兄弟之间、朋友之间，这世间的伦常无外乎就这些关系。

　　仁义礼智信，"仁"没了，就要靠"义"；"义"没了就要靠"礼"；"礼"没了，就要靠"智"；"智"没了就要靠"信"。孔子讲"礼"的核心无非就是"仁"。但是一个人很难自觉主动地把他的生命保持在"仁"的状态，所以孔子重点推荐"礼""乐"，因为"礼""乐"可操作。通过"礼""乐"让"伦常"保持在一定轨道。"礼者，敬而已矣"，用礼来维护人的敬畏心、感恩心、爱心、仁慈心、同理心。如果按照"教子要有义方"的"义方"来讲，就是提醒人，"人法地，地法天，天法道，道法自然"。因为"道"就是规则，而那个终极意义上的"自然而然"，就是宇宙的秩序，本体性的东西。一个人越接近那个"自然而然"，就会越"天长地久"，越吉祥如意。

我在国家干部学院讲课的时候，用过一个标题：《财富其实就是你对财富的认知》。你把财富认知到什么程度，就享用到什么程度。你认为财富是享受的工具，它就变成享受的媒介；你认为财富是传家的工具，那它就会变成祠堂、家谱、义田、学费，就会"见贫苦亲邻，须加温恤"，甚至给"肩挑贸易"一点补贴；就会"守望相助"；你认为财富是用来弘扬正道的，你就会办学校、办私塾、办乡学，你就会助印经典、捐书、捐光盘、开发课程等等。这是不是决定了它的品质呢？把财富由低频转向高频，让这一部分财富产生的媒介也有了功德，让员工和团队来共享这一份功德。

同样，我们对"伦常"理解到什么程度，积的福气就到什么程度。你怎么去理解"仁义礼智信"，怎么去理解夫妇关系、兄弟关系、父子关系，你就会把它处理到什么程度。我为什么要反复地讲"感受力、判断力、行动力、持久力、反省力、秩序力"，因为这些首先源自"认知力"，科学家的发明首先来自他对宇宙的想象和认知。我们看到蒿子，那是杂草，多少农民锄掉它时说，这是害。而屠呦呦却从中发现了青蒿素。人的认知决定了物的使用价值。

中华文化、礼乐文化以孝道奠基，通过悌道展开，通过"谨而信"保障，由此升华。为"泛爱众"，最后成"仁"。就是"能亲仁，无限好。不亲仁，无限害。小人进，百事坏。"因为朱柏庐讲的是家训，所以他的重点在家庭关系的处理方面，而我个人认为，家庭关系的重中之重就是夫妻关系。一个人接受的第一教育来自父母，夫妻天天吵架，怎么能把孩子教育好？怎么能让孩子安心？一个天天闹离婚的家庭，孩子不可能获得安全感，在家里得不到第一安全感，将来就要抓财、抓色、抓酒、抓权，拿酒色财气这些东西作为安全感的替代品。

"家庭不只是我们身体的住所，更是人们心灵的归宿。""归宿"，请注意这两个字，是让我们安妥灵魂的地方。"家风好，就能家道兴盛、和顺美满；家风差，难免殃及子孙、贻害社会。正所谓'积善之家，必有余庆；积不善之家，必有余殃'。""不论时代发生多大的变化，不论生活格局发生多大的变化，我们都要重视家庭建设，注重家庭，注重家教，注重家风。"家庭不和谐，社会怎么和谐？而家庭和谐的重中之重，就是要处理好夫妻关系。

第二十九讲　人能转念天地宽

关于处理夫妻关系，我讲过两句话，五种能量关系。第一，要有一个概念，"幸福是能量变的，不是对象给的"。一个人认为"幸福是对象给的"，如果不幸福了，他就动第一念——换对象。他不知道，换对象是一个短暂的效果。好多人都有这样的体会，觉得第一个不满意，换一个就满意了，但一结婚，发现还不如前者。王通《中说·礼乐篇》讲："以势交者，势倾则绝；以利交者，利穷则散。"当一个人认知到"幸福是能量变的"，它就在原有的夫妻关系上不断地修复，调整，修复，调整。

有一位女士给我讲，原来家里的活全她干，后来她家先生明理了，地也拖，碗也洗，啥都包了干，把她给宠坏了。当一个丈夫，抢着干家务的时候，你说太太感动不感动？显然，当一个男人这样做的时候，他已经认知到幸福是由能量变的。他在这个朴素的家里来经营幸福，当这样做的时候，太太一定很高兴，会更疼爱他。良性循环就形成了，夫妻关系就越来越好。

有一些同志听完我的课，在后台等我，他说郭老师，我换了一个对象，但我很幸福，我不认同你的观点。我说，好，祝贺你！任何时候，不能把话讲绝，因为这里面还有缘分的问题。但是大多数情况下，一个人明白这个道理，就可以不换了。有些人确实是过不下去了，那是另当别论。大部分情况下，人们可以通过提高能量来解决问题。我们搬个家都很辛苦，何况是重新组织个家庭。

第二，"做太太跟做先生是两门功课，各完成各的功课。"他对你好不好，你不要管，你尽管对他好，好到百分之百，这一课就毕业了。人生不就是一次一次地来完成"学业"吗？你对他好到百分之百了，你毕业了。但很多人的心理是，让我对你好，那你先对我好。

就此问题，一位女博士问我说，你怎么保证他将来能对你好？我就把《醒来》拿过来，用"霍金斯能量级"给她讲，她明白了。

还有一次，我在中央电视台干活，在剧组接到一个老太太电话，说"救救我女儿，救救我女儿"，我说咋回事，她说她女婿要把她女儿休掉了。我打电话给老太太女婿，怎么劝都不听。他说，郭主席，以前你说的我全听了，但这一次请允许我对你的不敬，为啥呢？我跟我太太已经不是"人民内部矛盾"，而是"敌我矛盾了"。我跟制片人说，我得飞回去，为啥呢？这一对夫妻，结婚的床都是我给买的，这个家庭组建非常不容易，已经有两个孩子了。

一边往机场赶一边让老太太约女儿女婿到"寻找安详小课堂"，下了飞机，我就直接赶过去。劝了两个小时，不想怎么劝这位先生都不听，不依不饶。后来我提出一个方案，我说这样吧，你按照我今天给你讲的，试运行一百天，如果还过不下去，那就分手，我就再不劝了。这位先生说，好啊，但他有条件。我说你讲。他就提了七大条件。我问太太能做到吗，她保证每一条都做到。此前我先用攻心术"攻"太太，女人的心柔软。我怎么"攻"太太呢？我说，你有两个孩子，今天你一分手，明天人家就组建家庭，人家对你的宝贝孩子，今天掐一下，明天拧一下，你愿意吗？我讲"掐""拧"的时候，她的脸开始抽搐。

当我讲到这里，那位先生说："我不找，我一个人带。"我说那你病了怎么办？谁送他上学，谁来做饭？

当先生提出来的条件太太保证每一条都能做到时，先生沉默了一会儿，然后说，那好吧。

我说去吧，给孔子像去行礼，回家过日子去。两个人给孔子像行完礼，我说认个错吧，二人勉强了一下，终于说了个"我错了"。我说拥抱一下吧，又勉强了一下，终于抱在一块儿了。没想到丈母娘也抱上去了。

回到家，看时间，已是一点。想儿子，推开门一看，皎洁的月光打在娘俩的脸上，非常安恬。躺下，没睡意，拿出手机写了一个朋友圈，没想到第二天被点爆了。写了一段什么话呢？"希望天下的孩子，都能躺在妈妈的怀里做梦"。你看那一对夫妻，如果真离了，孩子要么没爸爸，要么没妈妈。当然，重新组建的家庭中，也有好的继父和继母，但一般情况下真的是很难处的，因为继母对孩子再好，做爸爸的都觉得她有可能不好，人的心理惯性就这样，所以日子会过得很辛苦。

但是，任何时候说话都要留有余地，就是我们要容许有特别原因的一部分家庭分开过。比如说一方有恶习且屡教不改，那你要允许另一方有选择新的家庭的权利。

但通常情况下，只要对方能改，我们就要劝和。解决问题，首先要明理。但有一点，一个人一旦为孩子着想，许多问题双方也就克服了。

好多人会遇到这样的问题。张贤亮在他的小说里面写过，半路上碰到了一个人，心想，如果当初我碰到她，就不会跟第一位好了。但是，人生哪里有这么多的当初，当时遇上的就是你的缘分。所以就好好过，就是在不同的时空点过好不同时空点的缘分。特别是有了孩子之后，就要多为孩子着想。当人人都明白这一点，离婚率肯定会大大下降。

在《郭文斌解读弟子规》这本书里，我还讲了处理夫妻关系的五个方面：能量归位、能量互补、能量净化、能量同频、能量积累等。比如说能量互补，做夫妻的一定要有智慧，但是好多人犯错误，爸爸一出差，妈妈逮住孩子讲，说："儿啊，幸亏你找了个好妈妈，否则你早饿死了！为啥呢，你爸爸从来不管你。"过了几天，妈妈出差了，爸爸如是讲一番。这个孩子，在心里就会形成一个判断和概念：没有一个好的。

在这一点上，我跟我太太比较默契，只要孩子抱怨他妈，我就说，不能这样讲，没有你妈，你怎么来到这个世界上？你妈即便有错，就凭把你带到这个世界上，你也要尊重她。孩子找不到依靠，找不到"统一战线"，就听妈妈的了。当孩子对我不恭敬的时候，我太太就马上说，你怎么能这样对你爸呢？你爸是你的天！他马上就改变了。这样两头卡住孩子就会往中道上去。会教育孩子的，一定在孩子面前说对方的优点，绝不说缺点，唱"补台戏"，绝不唱"拆台戏"。

但生活中我们发现，相当多的人在做错误的事情，讲丈夫的缺点，讲妻子的缺点。时间长了，孩子就对人性产生怀疑，因为孩子认识天下的男人，从爸爸开始，认识天下的女人，从妈妈开始。当双方讲对方缺点的时候，他就认为天下男人就这样，天下女人就这样。找对象的时候，他就心理恐惧，有些孩子为什么不出嫁？为什么不结婚？就有这方面的原因。

再比如说能量同频，冷战就是反同频。我们到生活中去观察，那些恩恩爱爱的夫妻活一百岁，吵吵闹闹的夫妻活八九十岁，最害怕的就是"冷战"。查出来有"障碍物"的夫妻，我们去问他的夫妻关系好不好，大概率发现，不好，特别是"冷战"的夫妻，所以"冷战思维"是很可怕的，冷漠是很可怕的。

学生，你表扬他，他很开心；你批评他，他也很开心。有些捣蛋的学生之所以捣蛋，就是为了让老师批评他，老师批评他，他有"快感"。他们用这种方式引起家长、老师和领导的关注。学生最恐惧的、最受不了的就是老师一学期不理他。我到山东茌平银行讲课之后，董事长张兆奇到"寻找安详小课堂"来学习。之后，他把课程复制过去。有一次，他给他的员工讲："听见了吗？郭老师讲了，我骂你，你小子还有希望，最怕的就是我不理你了。"这话是对的。当一个领导对员工不闻不问的时候，就已经准备放弃他了。今天批一下，明天棒喝一下，事实上是雕琢，"玉不琢，不成器"，所谓"如切如磋，如琢如磨"，切，咔咔咔，把玉几下子切开，然后再磨，一点一点地磨，通过什么磨？"事上练"，事不重要，通过事，把你的心磨到最佳状态。这就是老师的作用了。

第三十讲　琴瑟和鸣五福全

　　我常常给"寻找安详小课堂"的志愿者讲，要站在对方的角度，去体会对方的需要，换位思考，其实就是孔子讲的"恕"道。子贡问孔子："有一言而可以终身行之者乎？"孔子说："其恕乎？己所不欲，勿施于人。"所以，成长最快的就是做志愿者。"明明德"之后要去干吗？"亲民"。不"亲民"，永远"明"不了"德"，或者"明"的那个"德"保持不住，当"自了汉"是了不了的。有些同志，今天到这儿安静安静，明天到那儿安静安静，能安静吗？到山上倒是很清静，一下山，一件事就把你打败，打回原形。

　　没有在生活的火里面炙烤，没有在生活的水里面浸泡，"功夫"是长不起来的。曾国藩常给他的子侄讲，"历尽艰难好做人"，就这个意思。王阳明悟道之后，剩下的只有一件事情，就是"事上练"。"事上练"当然要"知行合一"。道理就这么一点点，《朱柏庐治家格言》讲的这些道理，足可以让我们领悟到，剩下的事情就是真干，对吗？不真干，你学得越多，有可能麻烦越多。为啥呢？你的认知会把你"障死"，你多一个认知，多一堵墙；多一个概念，多一堵墙。我把这本书放在眼前，书有多少页我就被堵了多少层。一本书三百页，要一页一页"撕掉"，才能看见世界，这就是"认知障碍"。所以，老子讲，"为学日益，为道日损，损之又损，以至于无为"。学到一定境界，就要做减法了，再也不能到处乱跑了，就要真干了，对不对？知道一百件，不如真干一件。

前面讲的"地德"的"八德"，真正做到一件，你就可以觉悟。通过无条件的"生长性"，可以觉悟；通过"公平"，可以觉悟；通过"奉献"，可以觉悟；通过"包容"，可以觉悟；通过"担当"，可以觉悟，通过"安定"，给别人提供安全感，可以觉悟。"明理"之后，一定要用减法，去实践，去真干。听一百堂课，如果不干一件，有作用吗？有作用，因为共振改变认知，本身对身心有震荡，但是，你不真干，很难保持。你看有些人身体也恢复了，心理也恢复了，过一段时间又成原样子了，对吧？震荡完之后，你没有保持，它就又恢复了。那用什么来巩固，用什么来变成"功夫"？"事上练"。

《大学》是真正的"大学"，"大人之学"。他讲的"三个纲"是对的，"明明德"之后就是"亲民"，"亲民"就是一个一个地帮人，一个家庭一个家庭地帮人，一个社区一个社区地帮人，一个企业一个企业地帮人，包括将来一个国家一个国家地去帮，一代人一代人地去帮。

"亲民"要从家里做起，家里要从另一半做起。我跟我爱人也遇到过危机，也有觉得过不下去的时候，就会说，咱离吧。我太太还给我写了好多纸条，说："我同意跟郭先生分手，我不抱怨。"还挺幽默的。当时一定是把她的缺点放大到无限。现在怎么解决问题呢？每当遇到危机的时候，赶快看对方优点，放大、放大，放大到一定程度，你就"自我干预"成功了。

我找到的太太的优点是什么呢？对我的家人好，对我当然也好。在我的书里有我太太给我父亲剃胡子，给我父亲缝棉袄的照片。现在已经很少有人会这样缝棉袄了。把绸子衣面和老土布衣里裁剪好，把棉花铺到衣里上，铺平苫一层纸，再盖上衣面，然后翻过来再缝。穿着儿媳妇如此用心缝的棉衣，父亲的幸福洋溢在脸上，你还忍心把人家换掉吗？

父亲动完膀胱肿瘤手术后，小腹处插着一个引流袋，几乎三天就要换一次药和引流袋。刀口处常常发炎，后来青霉素这些消炎药已经没作用了，她就用土方法，自己做酵素，拿喷枪喷。一个单元的红糖，十个单元的水果，一百个单元的水做成的酵素，还真有效果。让父亲晚年没有因刀口发炎而受罪。后来，父亲居然不让我去换那个袋子，坚持让我太太换。我太太要换，就要突破心理障碍。所以张晧的爸爸说，他为什么要跟我学习传统文化，因为有天他到我家正好碰到我太太背着父亲上卫生间，那几年我常常住在央视剧组，家里的重担全给她了。

相比一些人以房子太小为由，不愿意和父母一块儿住，我太太就做得让人很感动。我在西吉县教育局工作的时候就分了一间宿舍，我妈给我们带孩子，我们还带着我妹妹，我大侄女，一个屋子里六口人，互相行走都要侧身，用炉子做饭，用不了大锅，常常给五人盛过饭后，锅里就没饭了，我太太就吃一口干粮。想到这一点，你还好意思换吗？

所以，常看优点，多为孩子着想就会打消换的思想。

我那天在"寻找安详小课堂"劝一对夫妻，最后打动那位先生的是哪一句话呢？我说，你今天用离婚的方式来解决问题，你的两个宝宝将来也会以类似的方式解决问题。这句话把这位先生给打动了，他开始看两个小宝宝。当时，两个小宝宝就在"寻找安详小课堂"的教室里跑来跑去。

《宁夏日报》发过一篇报道《寻找安详，小课堂里的大作为——聚焦"郭文斌委员会客室"》，这篇报道还加了个以《围观"小课堂"如何以文化人》为是的编者按。这篇报道发表在《宁夏日报》2021年5月26日的要闻版，要闻版发这样的稿子是很不容易的，如果记者没有被感动，他是不可能写这篇稿子的，如果编辑和分管领导没有被感动，他是不会写编者按的。

在这篇稿子的第一段讲了一位女士，她和丈夫第二天就要去协议离婚了。有人建议他们先去参加一次"寻找安详小课堂"的课程再做决定，他们同意了。三天课程下来，两口子上台分享，非常精彩。两人做了检讨，认了错，不离了。

这样的故事很多，说明什么呢？说明离婚率居高不下的问题是可以解决的，只要我们愿意努力，跟妇联携手，跟民政局携手，跟公检法携手，跟政府携手，是可以解决一部分问题的。

我讲这话的意思是什么呢？传家也好，家风也罢，关键部分是夫妻关系。《中庸》讲："君子之道，造端乎夫妇，及其至也，察乎天地。"把夫妻关系能经营好，能体会好，能诗化，连天地的秘密你都知道了。因为父子关系有血缘在，他再不亲，他再不认你，也有血缘维系。而夫妻关系是两个没有血缘关系的人，要经营得比有血缘关系还亲，这就是天地的秘密，这就是真爱人。我们没有见到谁把自己的儿子带到民政局说不要他了。孩子再忤逆，他也不会动分手的念头。但夫妻之间为什么过得一不愉快就分手呢？因为没血缘关系。所以，把没有血缘关系的一对个体，经营得就像有血缘关系，这就是宇宙的秘密。从独立性、个体性到整体性，就是从这一步开始的。

细细一想，婚姻真的会让你感动得不得了。一个女子要嫁到一户陌生的人家去，过一辈子，进入人家的家谱，归入人家的谱系，这难道不是老天设计的一套程序吗？所以，讲这句话的人，一定是智者。

我对待婚姻的态度是，对于不同的对象，讲不同的观点，但首先要维护孩子的安全感，能不破碎就不破碎，那夫妻之间就要做出牺牲，让家传下去，这是第一。感情的问题，相知的问题，那是另一个层面的问题。

这是"伦常乖舛，立见消亡"。

对于"伦常"，我认为，最关键的是夫妻关系，但古代社会认为最关键的是孝道，没错，我为什么讲最关键的是夫妻关系呢？因为这是这个时代新的课题。古代社会离婚率不高，在朱柏庐那个时代还都不成问题。再说把夫妻关系的问题解决了，孝道的问题就解决一大半。老人心安了，儿子心安了，有安全感了，传家的问题就有了保障。所以，"伦常乖舛，立见消亡"，在今天我们要重建这一套伦常秩序，首先要处理好夫妻关系。

怎么样才能处理好夫妻关系？要从婚姻观上去着手，要从恋爱观上去着手。所以，在一位朋友的婚礼上，我讲了"六个地久天长"：礼敬祖先的婚姻地久天长、爱国的婚姻地久天长、孝亲的婚姻地久天长、尊师的婚姻地久天长、积善的婚姻地久天长、惜缘的婚姻地久天长。

第三十一讲　地久天长有秘诀

　　第一，礼敬祖先的婚姻地久天长。为什么？它有根啊。礼敬祖先，他一定就会谨记祖先的教诲，他一定会按照家规、家训去做；礼敬祖先，他就有传家的意识，有这种意识，他就轻易不会负气离婚。现在还好，可以生二孩、三孩。当年，如果是独生子女家庭，离婚的话，孩子怎么办呢？要么你带走，要么我带走。孩子被带走，家就传不下去了。

　　当然，礼敬祖先，包括祖先留下来的文化传承，按照中华优秀传统文化去经营家庭，往往就比较稳定。

　　第二，爱国的婚姻地久天长。我们看习仲勋老先生和夫人，就知道他们两位心中都有祖国和人民，他们都心系国家和人民，就不会为一些小摩擦去计较。

不离婚在一定意义上就是爱国，因为离婚也会给国家增添许多负担。一个问题孩子被推向社会，一定意义上就是给国家增添麻烦，因为好多反社会的孩子，都是因为童年不愉快，心中积累了很多怨气。一个人的怨气重，有社会的原因，有学校的原因，更多的是童年的创伤造成的。在家庭中积累的怨气，他要找一个出口，往往会向社会发泄。

第三，孝亲的婚姻地久天长。因为一个人有孝心，他时时念念都为老人着想。我当年跟太太关系比较紧张的时候，一天我太太上班去了，我那时候住在安置房的一个顶层，我母亲颤颤悠悠地从楼下上来，我在书房正写东西，她站在门口徘徊，我说："妈，有啥事？您说。"她很艰难地说："我希望你不要做错误的事情。"当时我正跟我太太冷战，然后她转身离去，我的眼泪就下来了。

如果一个人有孝心，多为老人着想，这个婚姻就基本上没有大的问题。谁不吵架？谁没有矛盾？齿舌都会相碰，更何况夫妻之间，矛盾、吵架甚至冷战都是正常的，但不要走向"鱼死网破"的地步。

第四，尊师的婚姻地久天长。哪一个老师希望自己的学生轻言分手？少啊。孔子教学生，教什么？教孝，包括教悌、教礼、教和。

第五，积善的婚姻地久天长。在一定意义上，夫妻吵架，从形而上的角度去讲，也是因为福气不够，吵架是能量低的表现。当一个人抱怨的时候，霍金斯能量级在多少级呢？一百五十级。而霍金斯认为，一个人的能级低于二百级，这个人就要生病，家庭也会生病，所以我们要常常提醒自己，要积德累功。

如果有一段时间你莫名地生气，莫名地烦恼，就要警惕，最近肯定在消耗能量了，要警惕了，那是能量低的一种表现。

为什么我要讲"积善的婚姻地久天长"？因为"积善之家，必有余庆"，"余庆"的一个体现，就是婚姻的美满。

第六，惜缘的婚姻地久天长。珍重缘分，珍惜缘分，所以我说，珍惜婚姻在一定意义上就是礼敬天地，因为它是天作之合。大家现在已经有共识：真正的礼，最重要的礼，在今天可能就是婚礼。因为婚姻意味着一个家庭的建立，意味着一个生命未来的摇篮在哪里，意味着新生命能不能拥有获得感、幸福感、安全感，有没有一个正确的开始。相当多的人谈恋爱，但不知道标准，组建家庭但不知道标准。谁不愿意过低成本的生活？谁不愿意过不生气的生活？社会上也有吵架的，你看大街上也有吵架的，为什么演播室没有？因为人明理之后，时时是好时，事事是好事，日日是好日，当下就是天堂。所以"刻薄成家，理无久享"，"伦常乖舛，立见消亡"。

由此，我们就能理解，儒家也好，道家也好，释家也好，它们无非是建立一套让人趋吉避凶、吉祥如意、从低维到高维的生活秩序，它是天地精神的体现，是古圣先贤对后代的慈和爱。所谓伦常，只有"伦"才能"常"，没有"秩序"是很难"常"的。就像上了高速公路，你就不能一会儿开左面，一会儿开右面。有一次我和侄子回老家，侄子开车上了高速，一闪念走错了，本来要回到西吉的，结果开到彭阳才能掉头，那时候的高速公路没岔口。高速之所以为高速就在于它有一个不能随意僭越的秩序。这就是古人讲的"伦常"。

有一次去徐州讲课，当我讲到要听"老人言"时，有一个比较现代派的老师跟我讨论，说我们要容许孩子去试错，他才能成长，如果听"老人言"，孩子怎么"试错"？我说有些事情是不可以"试错"的，杀人能"试错"吗？吸毒能"试错"吗？烟花柳巷可以"试错"吗？

有些东西你必须听"老人言"，有些烟就不能抽，有些地方就不能去，有些事就不能做，他不说话了。试错要给孩子一定的范围、边界，可以让他试一下开水的温度，他以后就小心了，但你不能把手搭在电开关上试一下。有一部分智慧，我们必须通过"老人言"获得，这就是"伦常乖舛，立见消亡"。

这是朱柏庐从传家讲的，财富有财富的"伦常"，官场体系有官场体系的"伦常"，情感体系有情感体系的"伦常"，可以举一反三去理解。

关于财富，《大学》也讲尽了："有德此有人，有人此有土，有土此有财，有财此有用。"古人已经讲得很清楚了，只有"厚德"能"载物"，把中国人的财富观讲尽了。所以，这个"伦常"，我们可以从不同的层面去理解。"伦常乖舛，立见消亡"，它呼应的是"刻薄成家，理无久享"，这个"成家"指的是社会学意义上的"家"。还有其他的"家"，比如，成为作家、艺术家、经济学家、实业家，这都是"成家"。怎么成？要通过厚道成，通过俭德成，通过勤奋成，而不能用"刻薄"成这些"家"。我们讲《朱柏庐治家格言》是讲它的精神，提取它的精神，而不要去抓个别字眼。"好读书，不求甚解"，要读它的精神。

接下来，朱柏庐就展开讲了，"兄弟叔侄，须分多润寡"。开始讲悌道、慈道，"多一点"的要分给"少一点"的。这是"地德"里的哪一德呢？"公平"一德。因为对一个大家族来讲，大家都是手足情，我的财富多一点，我分给你一点。就我们家来讲，我伯父、我父亲一辈子就没分过家，没分过家就不存在分多润寡的问题。我的记忆中，四个老人在炕上一坐，永远就是一个整体，所以我有两位父亲、两位母亲。我的童年获得了双倍的爱。人到中年之后，我之所以能做志愿者，还能提起为人民服务的心，可能跟我的童年获得双倍的爱有关。我现在跟我哥哥，我们兄弟、姐妹也是这种感觉。

"兄弟叔侄，须分多润寡"。关于这一点，范仲淹的义田就做到了极致。《记住乡愁》里也有许多这样的节目。有一个村子有个王太夫人，死的时候留下遗嘱，要让他们家的义仓里每年存够一千石义粮，当年存够，当年发放完。这个传统延续了二百年，为什么呢？她要保证他们这个家族没有娶不上媳妇的，没有埋葬不了老人的，没有上不起学的。

上升到中华民族的传统来讲，也是这样。五十六个民族就像石榴籽一样，抱在一起。比较富裕发达的省份，来对口扶贫欠发达的地区。我们宁夏就跟福建结对，对口扶贫有一个重要的典范，那就是闽宁村，看过电视剧《山海情》的就知道，就是福建对口支援宁夏，这种制度可能在世界上不多。西方的国家制度是保护极少数人垄断财富，但我们不是，我们的制度设计是用法律保障人民共享国家发展红利。我们不但对五十六个民族是这样，而且还要对一些地区和国家，提供力所能及的物质支持、教育援助、医疗援助、金融援助。这不是"兄弟叔侄，须分多润寡"吗？

　　"一家仁，一国兴仁；一家让，一国兴让。"这就是"兄弟叔侄，须分多润寡"，这就是中华文化在家训中的应用。把这个家训展开，它也是"治国""平天下"的方法论。

第三十二讲 中华文化之妙义

"兄弟叔侄，须分多润寡"，这是中华文化在家教系统的落地。中华文化讲一体性、讲整体性、讲集体主义、讲利他思想，它主张让每一个公民都过上好生活。它讲"凡是人，皆须爱"，它讲"天下为公"，它讲先经营好"小家"，然后再经营好"大家"，再经营好"国家"，再经营好"天下"。我们的"修齐治平"理想是一种把爱不断扩展的过程，比如"兄弟叔侄，须分多润寡"，是从家的分多润寡，到乡的分多润寡，到国的分多润寡，到天下的分多润寡。这是天道、地道，因为天无私覆，地无私载，天空是大家的，大地是大家的，空气是大家的，水是大家的，它们从来没有向任何人收取过出让金、租金，等等，这些品德，我们把它叫作"地德""天德"。

前面讲到"教子要有义方"的"义方"，就是"人法地，地法天，天法道，道法自然"。我把它演绎成"上苍按照一个人的心量配给能量，能量的配给是通过缘分实现的"。一个人学习传统文化是否入门要从他是否学会看缘分开始，是否学会珍重缘分开始，是否学会把缘分用到极致开始。我个人在近二十年的志愿者的经历中也证明了这一点。想做的事，靠自己单打独斗实现不了，后来，当心量扩展了的时候，缘分就到来了，有些缘分的到来，让人觉着不可思议，包括团队的团建，有时候你感觉都是有人设计好的，有时候安排一些课程，你发现早一天也不行，晚一天也不行，就那一天，刚刚好。

我举一个例子，我当年刚到银川，生活很困难，困难到什么程度呢？我父亲要动手术，我连动手术的钱都凑不够，到处借，那时候就觉得举步维艰。就在这个时候，市政府给我解决了一套经济适用房，我当时连装修房子的钱都凑不够。这个时候，我就去找爱心实业家"昌禾装饰"的闫总，他以成本价给我装了房子，让我特别感动。之后呢，我们就再没联络过，这缘分好像就断了。大概是十几年之后吧，有一天，我从央视《记住乡愁》剧组回家，在飞机上听到一个声音说，哎，这不是郭主席吗？我回头一看，闫总坐在我左侧。当时我正看一本书，他认出了我，我们两个就挨着坐着，我心里咯噔一下，怎么这么巧呢？

一聊，我才知道他的心态跟当年不一样了，事业也跟当年不一样了，人生境界也跟当年不一样了，雄心勃勃。我们互相留了电话，之后，他开始给我打电话了，过几天就让我给他"赋赋能"。他先跟着一个团队学习，我才知道，他在学稻盛和夫，学王阳明。后来我建议他报名参加寻找安详小课堂三天半的公益班。这一次录节目，他又报名，而且让我感动的是，他本来准备听两天，去上海参加另一个更重要的学习班，谁想听着听着就不走了，要听完。

我讲这个案例，是想说明什么呢？只要你心中有苍生，只要你心中有天下，上苍会给你"赋能"，怎么"赋能"啊？通过缘分。你说巧不巧，茫茫人海，那么多架次的航班，我们两个居然就挨着坐下了，让我跟闫总的缘分又续上了。所以它让你续缘，你躲都躲不开，它不让你续缘，你追都追不上。

讲这个故事，就是帮助大家理解这句话，"上苍按照一个人的心量配给能量，能量的配置是通过缘分实现的", 我这样一讲大家就知道, 这上苍是怎么给你"赋能"的。

好多人说王阳明本事大, 是位天才, 但是我们忽略了一个问题, 那就是王阳明之所以能够建功立业, 有他自己的天赋和才华, 还有整个缘分对他的护持, 当然, 他最大缘分是投身到状元王华的家里。他龙场悟道之后, 开堂讲课, 这个时候有一个重要的人物微服去听课, 那就是席书。席书在当时相当于今天主抓公安、教育的副省长。他一听, 感觉很好, 就把王阳明请到贵阳, 给他建立一个贵阳书院让他讲学。王阳明一下名声大噪。朝廷里兵部尚书王琼没有见过王阳明, 但是保举王阳明做南赣、汀州、漳州的知府, 赋予王阳明兵权。后来宦官多次诬陷, 王琼都力保, 这种爱才之心, 非常让人感动。

后来到礼部, 方献夫是他的顶头上司。王阳明的学问、德行折服了方献夫。方献夫一定要拜王阳明为师——顶头上司拜他为师, 甘为学生, 这就出现了中华文化史上非常美丽的一幕。王阳明上朝, 先给方献夫行上下级礼, 行完上下级礼之后, 方献夫折过来, 给王阳明行师徒礼, 一个是官礼, 一个是师徒礼。这些人都帮助了王阳明, 包括一些具有进步思想的宦官也帮助王阳明。

王阳明的成功，首先是他的心量，要做圣贤，为苍生谋幸福。上苍是怎么帮他的呢？怎么给他"赋能"的呢？通过这些缘分。"上苍按照一个人的心量配给能量，能量的配置是通过缘分实现的"。这样一讲，也能帮助我们理解"缘分"的美丽。所以，我们只需尽情尽心地做好事就行。

一定意义上，这句话很好地体现了中华优秀传统文化的内涵。不然说"厚德载物"也好，"积善之家必有余庆"也好，都比较抽象，这样把它一分解，分解成"心量""能量""缘分"三个关键要素，大家一下子就理解了。

如此，事成了，也不过度高兴；事情不成，也不过度懊丧。因为事成了，说明我们的心量够了，能量足了，缘分具备了。事没成，我们继续扩展心量，你就会活得很轻松，赔了、赚了都不是最主要的，最主要的是，要通过这件事情来看我的心量扩展了没有。一件事情经历了，如果我的心量扩展了，那我进步了；一件事情经历了，如果我的心量变小了，那我退步了。

这样的话，人生的主次先后就明朗了。《醒来》里第二段重要的话，就是"何为人生的先，何为人生的后，何为人生的主，何为人生的次，这个问题搞不清楚，心就安不了，心安不了，怎么能幸福？"我们就会时时处处来检点，今天的先后，这一个月的先后，这一年的先后，这一生的先后，我们这个家族世世代代的先后和主次。先后主次把握好了，心就不会乱，就会"知止而后有定，定而后能静，静而后能安，安而后能虑，虑而后能得"。先后主次搞清楚，我们就有了可保持的财富、可保持的快乐和可保持的幸福。

《醒来》里第三段我认为重要的话，就是"不可保持的财富不是真财富，不可保持的快乐不是真快乐，不可保持的幸福不是真幸福"，那可保持的财富、快乐、幸福在哪里？如果找不到本体的我，保持就难，一旦找到，它就永恒，它就永在。

高级的人生状态，就是"自在"，它永远在。

再来体会"兄弟叔侄，须分多润寡；长幼内外，宜法肃辞严"。这个"法"其实就是程序，家庭的程序、国家的程序、民族的程序。

前面讲过，智慧传承分为三大系统：血缘系统、学缘系统、地缘系统。血缘系统有血缘系统的"法"、规则、秩序，学缘系统有学缘系统的"法"、规则、秩序，地缘系统有地缘系统的"法"、规则、秩序。这个秩序，中国人用"礼"来形容，而这个"礼"，在它的原始意义里面，包含了祭祀，包含了上天垂象，包含了天地之通。中华文化的人文系统来自天文，没有天文系统，我们的敬畏感很难立起来，而敬畏感立不起来，"礼"就立不起来，"礼者，敬而已矣"。

这种秩序感让我们产生一种"敬"。看近两年的世界格局，大家就清楚，有一些国家，拿总统开玩笑，他们的号令就很难被执行和下达。再看看我们是怎么对待党和国家领导人的。同时从领导人本身来讲，我们的领导人，什么时候开过玩笑？但是我们看到有一些国家的总统今天一个说法，明天变一个说法，这就不是"法肃"，这就不是"辞严"。没有"法肃"就没有"辞严"，没有"辞严"就没有"法肃"，因为一个领导人如果常常说话带有娱乐性，老百姓就不知道该不该信你了。

第三十三讲　修齐治平大智慧

　　还记得"地德"的第一德是什么吗？生长性，就是生存的合法性。上苍有好生之德，第一德就是"生德"。你看，生气、生机、生命、生活、生存都是"生"。可是一些人为了所谓的"自由"，把"生"都要灭掉，别人的生命重要，还是你不戴口罩的自由重要？这样一对比，就知道文化确实是有差异的，确实有合法性和优越性的。

　　"长幼内外，宜法肃辞严"。颜之推为什么讲"父子之严，不可以狎"，就是父子之间不可以过度地亲昵，过度地没有规矩。父子在童年的时候，幼年的时候可以玩骑马游戏，但是到了建立秩序感的时候，就必须严肃了。

　　为什么我国这几年取得了举世瞩目的政治建设、经济建设、制度建设、文化建设的成就？得益于"长幼内外，宜法肃辞严"。不然政令下不去，再好的愿望实现不了。这句话，是讲的文化秩序、人文秩序。

"长幼内外，宜法肃辞严"。这个"法"，家里面可以理解成家规，国里面可以理解成国法，到宇宙，可以理解为"宇宙法"。"辞"就是语言，当然，这个语言包括嘴里面的语言，还有身体语言，还有审美语言，等等，包括音乐，包括家里悬挂的字画，包括建筑，都是"辞"。

古代人对家庭的布置，注重唤醒人的正知、正见、正念、正气，常常悬挂一些能提醒自己、唤醒自己的字画。比如说汤之盘铭："苟日新，日日新，又日新。"刻在洗脸盆上、洗脚盆上，一洗脸就看见，一洗脚就看见。我把它"改装"了一下，孩子每次上学出门的时候，把他送到门口，说"苟日新，日日新，又日新"，用来提醒他。

家里绝对不能悬挂那些把人带到低级趣味层面的字画，一定要悬挂能让我们保持清醒的字画。前面讲过，我家老宅子中堂悬挂的"守身如执玉，积德胜遗金"，"第一等好事只是读书，几百年人家无非积善"，"奉祖宗一脉传流曰勤曰俭，教儿孙两条正道曰耕曰读"。你看这对联，"勤俭、耕读"就含在里面，因为文字是全息的，美术作品是全息的，古人甚至认为污秽的书都不能放在家里，"法肃辞严"。

当然，不合适的电视节目肯定是不能看的。手机上不该打开的网页、界面也不能打开，因为要"辞严"，因为污染心灵的内容一旦进入眼睛，就清除不了了。大家现在试一下，把郭老师忘掉，能忘掉吗？按照心理学的说法，只要你看到了，只要你听见了，都会存在你潜意识的"硬盘"里面，它会变成一粒种子，迟早会发芽。孔子为什么讲"非礼勿视，非礼勿听，非礼勿言，非礼勿动"，这是对的。"礼"在这里就是"合适的"，因为每一个信息，它会促成一段缘分。

我们再细细地琢磨"长幼"，什么是"长"？什么是"幼"？"内外"，什么是"内"？什么是"外"？这很好理解，最朴素的，年长的就是"长"。按时间程序先进来的就是"长"。所以三大系统，血缘系统、学缘系统、地缘系统，它都有各自的秩序。血缘系统的"长幼内外"就不用说了，大家都清楚。我讲讲学缘系统。在古人，儿子和爸爸同时跟孔子学，如果儿子早跟了孔子，在家里是父子，但在学堂，儿子就是师兄，这是学缘系统的秩序。

关于学缘系统的秩序，孔子师徒给我们树立了典范。孔子三千弟子，没有一套秩序，怎么带？谁管吃饭？谁管出行？谁管穿衣？谁管防卫？我们好好考究古代书院，它有一套非常值得借鉴的秩序系统，它是要一代一代传下去的。所以颜之推"父子之严，不可以狎；骨肉之爱，不可以简"，这是从秩序感讲的。什么时候可以"狎呢"？什么时候可以亲呢？要分场合。

过去的衙门，两边立有牌子，一边是"肃静"，没有肃就没有静，没有静就没有肃，没有静就没有传承力，我在这里讲多少，你都接受不了，为啥呢？势能没形成。

有一次，我到河北的一家企业去讲课，教室装修得很漂亮，但是我两天都找不到讲课的感觉。心想是课讲得不好吗？觉得和平时没什么区别，听得不认真吗？也很认真。那天课后，我突然发现了个问题。教室是很好，新装修的，但是没装讲台。我跟大家是在一个平面上。我就跟董事长说赶快弄一个讲台试试。他就让人连夜弄了个讲台。第二天，上去以后，一下子有感觉了。就这么一个台阶，半尺高，感觉就来了。古人为什么要设计讲台，就是让它形成一个"势差"，心灵的传递也需要"势能"。

为什么枕边人难度呢？因为过于亲昵，这种"势差"就没有了。所以，怎么能让团队既严肃又活泼，就需要"中庸之道"，要随时调整、调频，该严肃的时候严肃，该活泼的时候活泼。在这一点上，我觉得张润娟做了很好的榜样。平常她还拿我开玩笑，但是一进入课程、公共场合，就对我很恭敬。有这样的带头人做班主任，班委的气氛、气象就变了。班委的气象变了，整个辅导员的气象就变了。辅导员气象变了，每一次来自全国的同学，就借鉴回去了。直接看到，直接学到，直接拿回去用。所以，学缘系统在一定意义上比血缘系统更重要。孟子讲，一个人"饱食暖衣，逸居而无教，则近于禽兽"。生孩子容易，教孩子难，就是这个道理。

可以说，学缘系统是保持一个家庭、一个民族生命力最最重要的系统。如果师道尊严没有了，这个民族就亡掉了。习近平总书记为什么要到北师大去讲"四有好老师"，"有理想信念，有道德情操，有扎实学识，有仁爱之心"？因为他知道老师重要，老师的老师更重要。

"法肃"，既是一个团队的秩序，也是一个人内心的秩序、修养的秩序、人格的秩序。"长幼内外，宜法肃辞严"，那就是说"长"要有"长"的样子，"幼"有"幼"的样子，"内"有"内"的样子，"外"有"外"的样子。"长幼"指的是年龄，指的是辈分，指的是先后。"内外"指的是场合、空间，家里要有家里的样子，公共场合要有公共场合的样子，进了教室要有教室的样子。"法肃辞严"，话很简洁，但真的是越读越好。

作为企业家怎么搞团队建设？无非就这些道理，不就是"法肃辞严"吗？不就是"分多润寡"吗？这几年跟张润娟交流得多，她见了我就说，今天谁谁谁家里有困难了，今天谁谁谁病了，今天给谁发两千块钱，今天给谁发三千块钱。不就是分多润寡吗？难怪她家先生常表扬她，说："我能走到今天，全靠人家。"因为他主外，人家主内呀！现在她把重点，把她的心放在另一个大家庭，那就是"寻找安详小课堂"。来自全国的学员，如果晚上开夜车回去，她第二天早晨就早早地问到了没有，路上是否安全。操了多少人的心。这就是"大家"，这就是学缘系统，这是另一个"家"。

我常讲，李叔同的幸福，有很多篇章，其中有一个非常感人的篇章就是跟学生丰子恺的关系。丰子恺为了表达对老师的感恩，在李叔同四十岁生日的时候，用他的方式给老师祝寿，怎么祝呢？画了四十幅保护动物的漫画，以唤醒人们的慈心，保护生机的心，不动杀机的心，让他的老师长寿。五十岁画五十幅，六十岁画六十幅。李叔同去世，遇到冥寿，七十、八十，丰子恺仍然画七十幅、八十幅，直到丰子恺自己生命结束，这种祝福才停止。后来，这些画被一位志士仁人募集，在香港出版，这就是在市面上非常流行的《护生画集》。从李叔同跟丰子恺之间的这种友谊，就可以体会学缘系统的美好。

当年兵荒马乱的年代，李叔同准备北上到陕西一带去，丰子恺听到消息，就追，结果李叔同已经上船了，丰子凯追到船上去，气喘吁吁地把李叔同往肩膀上一扛，下船。他知道，老师患有肺结核，到兵荒马乱的大西北去，命就没了。

孔子的学生就更不用说了，我们可以想象他的众弟子为他守墓三年的情景。三年日子怎么过的？怎么吃的？怎么喝的？每天干什么？在墓前读什么？说什么？做什么？子贡三年之久又加了三年，这六年又做什么？你就可以体会学缘系统那种诗意，那种美丽，真的是荡气回肠。

所以，我常讲，书院传统要比学院传统更富温情，这也是原因之一，它是一种纯奉献和纯感恩的关系，不是契约关系。契约关系就是我交学费，你给我知识，我们"两清"了。就像你住宾馆时，你给我发票，我给你钱，我会跟那个宾馆逢年过节打个电话感谢一下吗？不会。因为我们"两清"了。但是如果在茫茫旅途，你无以为继了，没钱了，没吃的了，有人给你一碗饭，有人让你住一宿，那你会记一辈子。

第三十四讲　兴家旺族之关键

"风物长宜放眼量",要往长远看。"利在一身勿谋也,利在天下必谋之;利在一时固谋也,利在万世更谋之"。相当多的人把生命浪费在急功近利上。学缘系统是中华民族的一大保障性系统,我们体会"师道尊严"这四个字,没师道了,传承就没保障;没尊严了,传承就没保障。那古人怎么描述老师的呢?"但能光照远,不惜自焚身"。老师的尊严如果不恢复,智慧系统是很难畅通的。这就需要我们在自己能够做到的范围内做出榜样。古代社会,有许多老师不是在家里结束生命的,而往往是在学堂、书院里,往往是由他的学生送最后一程。这就把人生分成两套系统,一个是血缘系统,一个是学缘系统。还有一些老师可能没有后代,那学生就是他的传承。

第三套系统是地缘系统。地缘系统好懂，比如说中国，就是一套地缘系统。这是一个完善的地缘秩序。古代社会"治不下县"，县长之上的部分由官员治理，县长之下的部分由乡绅治理、乡贤治理、家族治理。所以，古代的家法是很严的，这样上层社会的管理成本就很低了。古代社会有一些官员，因为管理成本低，百姓的觉悟高，他们除了治理，剩下的时间就读书写作，所以好多好文章都是官员写的。

它用什么来保持五千多年的稳定？跟我们的这三大系统有关，当然也跟我们的中医系统有关，它靠的就是四个字："法肃辞严"。家规定下来，就不能轻易更改。谁若不遵守，族长有权力把他清除出家谱。在宗法社会，一个人被赶出家族，这个人就没归属感了。安全感很大程度来自归属感。没归属感了，这个人就会恐惧。恐就伤肾，肾一伤，生命就会凋零，因为"肾是先天之本"，"脾是后天之本"。

血缘系统不用多讲，中国人讲骨肉之亲、父子之亲，把"亲情"放在第一位。我为什么要重点讲学缘系统呢？学缘系统的"法肃辞严"，首先要建立"师道"和"尊严"。首先，做老师的要有做老师的样子，做学生的要有做学生的样子，学校要有学校的样子。国家现在治理校外培训机构，治理民办学校也是有道理的，现在培训出现了天价，在一定意义上已经离开了中华民族的古老传统。当年，每到端午节，我妈就会给我烙一个大花馍，我背着去看望老师。平常在教室里、学校里见老师，这天背着一个花馍到老师家里去，与老师的那种亲近感，是另一种体会。回家时，老师给我的比我拿给他的多得多。

我的生命中有不少好老师，我多次讲过刘福荣老师。一天下午，他回去举办婚礼，步行回去，一百多里路，第二天早晨居然出现在课堂上。我们后来算，老师在洞房里待了多长时间。有些同学说一小时，有些同学说零小时，后来一考证，人家就没入洞房。那年，我们初三。老师进教室之后，就像刚从蒸笼里出来的馒头。步行，不知道翻了多少座山，过了多少条河。我为什么一辈子对他念念不忘？布置老宅子，要把他的照片悬挂在我们家中堂的右侧。因为没有他，就没有我的今天。他的人格值得我一生去赞美。他当年肯定没想到讲台下面有一个连鼻涕都擦不干净的毛小子，今天会在演播室讲他的故事。

讲台下的学生，将来有一万种可能性。所以，老师要把目光放远，不要盯着眼前的一点点利益，前半堂课讲了，后半堂课的内容暗示学生到家里去补课。师有师道，生有生道。做学生，就要遵守"弟子规"。各安其位，守分安命，把自己的本分、本位做好，在各自的位置上，做到一百分。

这些年国家治理教育环境，真是太英明了。"四有"好老师，我们细细地体会一下："有理想信念"，什么是理想？什么是信念？有道德情操；什么是道德？什么是情操？有扎实学识。什么是学识？有仁爱之心，什么是仁爱？说穿了，做老师的无非就是用爱来点燃一串爱；如果满肚子的私欲，怎么点燃别人？这就是学缘系统的"法肃辞严"的重要性，地缘系统的"法肃辞严"的重要性。

我们看曾国藩的成长就会发现几套不同的系统对他的影响。曾国藩最初奉行的是儒家思想，后来觉得不行，接受了法家思想，又碰壁，最后经高人指点，借鉴道家系统，每一个系统都有他的秩序和功用。晚年过得游刃有余，跟他最后接受道家系统有关系。当然前面的儒家系统、法家系统也是必不可少的，他是在儒家和法家的基础上接受的道家系统。

郭子仪也是这样。郭子仪把"中道"用到炉火纯青。

"中道"既是儒家的智慧，也是道家的智慧，而真正的礼法，一定是依"中道"而行的，精神是一致的，既严肃又活泼。就像我们管理经济，管得过死，就死掉了，放得过活呢，又烂掉了。怎么既紧又松？需要智慧。管理员工也是这样，怎么既紧又松？把被动性和主动性平衡好，同样需要大智慧。可以借鉴的智慧，就是朱柏庐讲的"兄弟叔侄，须分多润寡；长幼内外，宜法肃辞严"。

　　古代社会，往往会用两套系统，在显性制度之外还有一套隐性制度，以此保持"中道"。有些人适合用名誉来激励他，有些人适合用物质去激励他，有些人需要用情感激励他，有些人需要用道德去激励他，按不同人的需要给予不同的激励。有些人给他奖状，他不在乎，他在乎钱，那就给他一万块钱；有些人认为奖状比钱重要，那就给他奖状。古代社会，把这一点用到极致，给你一个封赏，给你一个牌坊，让你大门楼子可以放两个狮子，都是不同的激励。现在也是，我们有共和国勋章、国家荣誉等颁奖仪式。这是党和国家对为新中国建设和发展做出杰出贡献的功勋模范人物的褒奖，以此来激励后人。

　　由此，再体会"法肃辞严"，觉得朱柏庐用词真精确，这位教书先生怎么就这么有水平呢？他没做官，但他一定有做官的智慧，用词太好了。"兄弟叔侄，须分多润寡；长幼内外，宜法肃辞严"。

讲了秩序感之后，接下来又讲"听妇言，乖骨肉，岂是丈夫；重资财，薄父母，不成人子"。这是那个时代的一种讲法，那个时代，一个先生有几个太太，孩子也多，大房的，二房的。太太们之间境界高了，还处得好，也有妻妾亲如姐妹的，但毕竟是少数，最害怕丈夫偏听，给子女不公正的待遇。

"乖"和"舛"，前面讲过，是"错乱、矛盾、冲突、分离"的意思，这个好理解。"重资财，薄父母，不成人子"，这个也好理解。在生活中，也有这样的后代。有一天，一位老太太找我，让我给她一个账号，要把她的积蓄全部打给我，让我向全国捐书，因为她知道我一直在捐书。我一听，怎么回事儿呢？她还没死呢，两个儿子为了争财产，已经闹得不可开交，老太太伤心得不行。我说你的这些钱我不敢要，你该怎么捐就怎么捐。朱柏庐在这里用词很严厉，"岂是丈夫！""不成人子！"对中国人而言说一个人是坏人，他不一定跟你急，如果说他是小人，他就跟你急了。

展开来讲，家里是这样，团队也如此，不能听少数人的话，把整个团队的气氛破坏掉；国家也是这样，要树立正信、正语，也要重情、重义。而不能引导人们去重财。这句话，我们要举一反三地应用。在企业文化建设里面，也要引导一种风尚，让大家过崇高感的生活。就是前面讲的五个境界，从物质关注、身体关注、情感关注、道德关注到本体性关注，从物质奖励、身体奖励、情感奖励、道德奖励到形而上的奖励。用不同的层次去激励员工。

纵观中华历史，兴盛的王朝，他一定是开言、纳谏的王朝。《孝经》里面讲："昔者天子有争臣七人，虽无道，不失其天下。诸侯有争臣五人，虽无道，不失其国。大夫有争臣三人，虽无道，不失其家。士有争友，则身不离于令名。父有争子，则身不陷于不义。"（"争"同"诤"）为什么这么啰里啰唆地讲呢？这是强调，一个人能接受不同方面的意见，然后综合考虑，就会保持生命力。我们可以把它放在团建、放在治国、放在平天下层面去应用。

第三十五讲　重情轻财福气来

　　接下来，朱柏庐讲得更具体了："嫁女择佳婿，毋索重聘。娶媳求淑女，勿计厚奁。"这两句话就更重要了，因为它关系到整个人伦秩序、社会秩序的建设。嫁女首重女婿的品质，不要太在乎聘礼。聘礼好理解，聘金、聘物。但是，今天大家肯定不愿意看到，有些人纯粹是把自己的女儿当"商品"卖掉。所以，国家现在倡导"移风易俗"，首先"易"这个"俗"。

　　我们都知道，古代婚姻有"六礼"，它也是要送聘礼的，但那是礼节性的、象征性的、美好的，它是一种两家变成一家的友谊的载体、亲情的载体。前面讲"重资财，薄父母，不成人子"，现在是重资财，薄亲情，不成人父。女儿嫁出去，难道你没饭吃了，女儿不管你吗？你的女婿不管你吗？古代讲"一个女婿半个儿"。做父母的最大的一桩任务，最大的一个心愿，就是完成孩子的婚礼。再穷，再没钱也要筹钱，那就只能借。所以，在当下社会朱柏庐的这句话，就更有时代意义了。

"嫁女择佳婿，毋索重聘"，真爱女儿，就选一个德才俱佳的女婿。把焦点放在聘金上，彩礼上，就舍本逐末了。将来躺在病床上，没人照顾，只有钱有什么用？难怪国家要下大力气移风易俗。前几年五六万，后来十几万，现在有些地方二十万了。什么"五金""五件"。车要达到多少万的标准，房要买在城里。说明今天的人没有安全感，也不懂幸福感、获得感。

"嫁女择佳婿，毋索重聘"；"娶媳求淑女，勿计厚奁"，"奁"就是陪嫁。男方一定要考量的是，女孩淑不淑，而不是看她能陪嫁你多大的房子、多豪华的车、给你多少钱。在这里，朱柏庐的婚姻观，显然是倡导人品、倡导人格、倡导情谊、倡导向内涵发展婚姻。我这些年，在做家庭干预的时候也发现，有许多夫妻之间的矛盾，也是因为聘金过重，要求陪嫁过多造成的。因为大家都憋着一肚子气，丈夫天天想着这二十万怎么还，哪里有恩爱？气一上来，"哐"一巴掌就过去了，有人就这么给我讲的。男方一吵架就说这件事，女方想到娘家告状，又不好意思，人家给了你二十万，这二十万拿出去，打骂好像有了理由似的，真是后患无穷。我只接受适度的聘金、适度的嫁妆，你对我的女儿不好，那我就要追究责任，男方也没说的，女方也没说的。这是第一个层面的意思。

第二个层面，如何才能找到"佳婿"？如何才能找到贤淑的儿媳？我在前面讲过，"礼敬祖先的婚姻地久天长，爱国的婚姻地久天长，孝亲的婚姻地久天长，尊师的婚姻地久天长，积善的婚姻地久天长，惜缘的婚姻地久天长"。"积善之家，必有余庆"，它和一个人拥有财富的道理是一样的，找一个好儿媳，找一个好女婿，跟这个人能不能发家，能不能致富，道理是一样的，为啥呢？都是福气变的。所以，要让自己的女儿找"佳婿"，要让自己的儿子找到贤淑的儿媳，怎么做呢？多积善，多礼敬祖先，多爱国，多孝亲，多尊师。

在农村，看见儿媳妇骂婆婆，大家就劝，不敢啊，你不敢这么干啊。为啥呢？这样的话，你的女儿嫁不出去，儿子找不上媳妇。你看，非常朴素，非常有道理。谁敢把女儿给你做儿媳呀？所以古人谈婚论嫁，他要先看家风。

中华民族五千年文明没有断代，跟婚礼的神圣是有关的。所以，我一直有一个愿望，希望通过"寻找安详小课堂"，能够把张皓和子琰的婚礼模式推广到全国。"礼敬祖先""爱国""孝亲""尊师""积善""惜缘"，夫妻将这六个念头藏在心里，发生矛盾的时候，这些念头就会跳出来，提醒自己止息争吵。再加上我写在《农历》扉页上的那一段话："肯吃亏，不计较，看优点，能帮人。结婚是用来过日子的，是用来传家的。"这个心理暗示很重要。

不要认为婚姻像有些电视剧上描述的只有浪漫和诗意，那就错了。它是实实在在的烟火气，柴米油盐，是需要实实在在的包容、体贴、设身处地，目的是啥呢？"传家"。而不是两个人的事情，是两个家族的事情。往小里讲是家族的事情，往大里讲是民族的事情。为啥呢？生儿育女，往小里讲，是自家的，往大里讲，是国家的。这样一想，小吵小闹，小恩小怨，就原谅了。在他们订婚的时候，我给他们送了一幅字："惟谦受福"。我们的幸福是福气带来的，福气哪里来的呢？"谦德"。而"第一谦德"就是能包容，能礼让，能认错，能涵容。

"嫁女择佳婿，毋索重聘；娶媳求淑女，勿计厚奁"，在这里，朱柏庐用了一个"重"，一个"厚"。聘金重了，人情就轻了；陪嫁厚了，亲情就薄了。两个形容词，一个"佳"，一个"淑"。什么样的"婿"才是"佳婿"呢？按古人的说法，那就是君子。"窈窕淑女，君子好逑"，"淑"到什么程度？《诗经·周南·桃夭》一诗就是讲淑女的。"桃之夭夭，灼灼其华。之子于归，宜其室家。桃之夭夭，有其实。之子于归，宜其家室。桃之夭夭，其叶蓁蓁。之子于归，宜其家人。"一幅多么美丽的兴家传承画卷。简单地讲，做到了地德的"八德"，就是"淑女"。如果按《周易》的讲法，君子要有乾卦的精神，要"自强不息"，淑女要有坤卦的精神，能"厚德载物"。

　　这样把自然属性跟社会属性，跟人的本分做结合，就能做到敦伦尽分。从"乾坤"这两个古人给我们归纳出来的天地跟人文的中介意象，我们就可以想象什么叫"君子"，什么叫"淑女"。用"五行"来比呢？女性，古人常常用水和土来形容。男性，常常用木、金、火来形容，就是把自然属性放大。然后通过自然属性，反照自己，保护自己。我们在生活中观察，一个人的自然属性如果"转基因"，这个人的身体首先出问题。不同的属性，在不同的位上，就是对本属性的一种关怀和保护。

从福气的角度来讲，拿了聘金，拿了"厚奁"，把福气已经变成聘金了，变成"厚奁"了。前面讲过，福气会变成"长寿、富贵、康宁、好德、善终"。婚姻也有五福呀，如果把福气变成了"聘金"和"厚奁"，婚姻"长寿"的福就没了，"康宁"的福就没了，"善终"的福就没了，"好德"的福就没了，"恩爱"的福也就没了。

"嫁女择佳婿，毋索重聘；娶媳求淑女，勿计厚奁。"这句话之后，朱柏庐又做了新的展开，"见富贵而生谄容者，最可耻；遇贫穷而作骄态者，贱莫甚。"我们常常听学生在读到这两句的时候，那种亢奋，可见人心是什么？人心是反"谄容"的，"见富贵而生谄容者，最可耻"，是说我们不能嫌贫爱富。当然，我们也要礼敬富人，礼敬贵人，礼敬级别比我高的人，名气比我大的人。为啥呢？高、贵、富都是福气变的，礼敬他们就是礼敬福气。但是从主体性来讲，这句话强调的是平等性。见了富人，我也礼敬，见了穷人，我也要礼敬。

所以，《朱柏庐治家格言》非常高，非常深，大家都把它认为"这就是个家训嘛"。一本《朱柏庐治家格言》足可以让人觉悟，而且它教人从世俗社会切入。所以，《朱柏庐治家格言》是"治家格言"，也是"治企格言"，也是"治校格言，也是"治国格言"，也是"平天下"的格言。理是一样的，"人法地、地法天、天法道、道法自然"，因为"道"没有贫富的概念，"无善无恶心之体"，哪里有贫富？

第三十六讲　争讼虽赢亦是输

朱柏庐讲："见富贵而生谄容者，最可耻；遇贫穷而作骄态者，贱莫甚。"他的底层逻辑是，当一个人找到社会的刚需，就是百姓最需要的，提供有效服务，就能战无不胜。因为你会变成"仁心"，老子讲："圣人无常心，以百姓心为心。"当一个人以百姓心为心的时候，这个心就是常青的心了。"人法地，地法天，天法道，道法自然"。整个天道、地道就是不私覆、不私载，就是一个大平等、大公平。

"谄"是巴结，"骄"是骄横。一些官员，面对百姓往往会表现出骄态，一些企业家，到一定程度，也会出现骄态。我曾经跟一些企业家吃过饭，桌子上那种状态，盛气凌人，你就可以判断，他是走不远的，因为"唯谦受福"。

那些大企业家、大官员，恰恰是平易近人的。我曾陪中国作协主席铁凝在宁夏视察，到了西吉县，去看望单小花、马建国等农民作家，她一点架子都没有，坐在炕上，嘘寒问暖，让人非常感动。我曾经讲过一句话："在宁夏当作家感觉很幸福，感觉很光荣，因为宁夏的党政领导对我们真的很优待。"

"见富贵而生谄容者，最可耻；遇贫穷而作骄态者，贱莫甚"。朱柏庐用这句话让他的后代和学生学什么？学平等心。见到富人，见到贵人，我礼敬；见到贫的、贱的我也礼敬，这就是一种平等心。平等心的后面就是大爱，没有平等心，哪里有大爱？孔子的伟大就在于"有教无类"。当年的学校是贵族学校，只有贵族才有受教育的资格，到孔子这里，像子路这样的贫穷人家的孩子，也能受教育了。

而一个人积福在哪里积？面缸要放正才能装面粉，面缸斜着，怎么装都装不满。只有正大才有光明，没有正就没有大，没有光就没有明。没有平等就没有正大光明，没有平等，面缸就装不满，装不满，总少了一部分面粉。少的那一部分面粉，要么是长寿，要么是富贵，要么是康宁，要么是好德，要么是善终。总之，缺一个单元的面粉，我们对应的福气就少一份，对应的五福就少一份。

"见富贵而生谄容者，最可耻；遇贫穷而作骄态者，贱莫甚。"他是在讲完婚姻、讲完佳婿、讲完淑媳，接下来的，有一个内在的联系，就是说选择佳婿、选择淑媳，千万不能只把目光盯着那些有钱的、有权的、有名的。一定要盯着啥？有没有后发潜力，有没有人品潜力，他们家"善"厚不厚，"德"厚不厚。把"土""财""用"的关系搞清楚。

到此，朱柏庐用对待富贵贫穷的态度来引导我们完成平等心、平等人格、平等认知、平等思维。而一个人有平等心的时候，他的气就正了，气正了，中气就足了，中气足了，家就旺了。我们在生活中去观察一下，真是这样，"气宇""气场""气息"，就来自我们的平等心。所以，在这里，朱柏庐做了一个意义链的延伸。

接下来，朱柏庐又做了更深层次的延伸，就是："居家戒争讼，讼则终凶。"人们打官司，往往是为了财富的分配、利益的分配。朱柏庐讲完"贫贱"，接着讲怎么对待"财富"。

财富带给我们的，如果不是平等心，往往就是争讼。

所以朱柏庐告诫后人，居家生活千万不要去打官司。大家说，不对啊，不打官司，法律的尊严怎么维护？古人不这么认为。孔子曾说："听讼，吾犹人也，必也使无讼乎？"意思是说，审理诉讼，我同别人没什么两样，但我的理想是，必须打官司的事不发生才好。

试想，我和你为了一万块钱去打官司，我把这一万块钱赢来了，但是真赢了吗？钱是赢来了，人情失去了。钱重要还是人情重要？这里朱柏庐是作为家训讲的，如果父子、兄弟姐妹去打官司，那就更可怕。家里最重要的是"天伦之乐"的"乐"，最重要的是"天伦之乐"的"伦"。一打官司，"伦"没有了，"伦"没有了，"乐"就没了。一万块钱装在兜里了，但是一辈子见不了面了。

我每年看政府工作报告，发现案件数量占比越来越多，甚至到了每位法官每天要审理一个案子的程度。各位想一想，一名法官一天要审理一件案子，准确性怎么保证？所以，公检法现在的压力太大。理论上来说，一个案件应该调查几个月甚至一年，而法官一天断一件案子，且不说公正，人怎么受得了。所以我到司法厅、民政局讲社会管理的时候，一再建议要德法并治，以德为主，以法为辅。以调解为主，以忍让为主，以内心的和谐为主，道德实在没办法解决了，劝解实在没办法解决了，才诉诸法律。

王阳明讲"破山中贼易,破心中贼难"，就是这个道理。心中贼不除，今天官兵一撤，他又造反了。因此，王阳明在平匪之后，马上奏请朝廷设县，兴办学校，施行教化。

一次，王阳明擒获了一个江洋大盗，盗匪在受审时说："要杀要剐由你，千万不要跟我讲仁义道德"。

王阳明说："好好好，不讲不讲，天很热，咱俩把褂子脱了吧"。

盗匪说："脱就脱掉。"

王阳明说："裤子也脱掉。"

盗匪说："脱就脱掉。"

王阳明说："短裤也脱掉吧。"

盗匪说："不方便。"

王阳明说："你不让我讲仁义道德，你却讲了。"

盗匪说："我没讲。"

王阳明说："那你为什么不脱短裤？你说不方便。为什么不方便？说明你还有廉耻之心，而廉耻之心，不就是我讲的仁义道德吗？"

盗匪一下子折服了。

一个人只要他的廉耻心还在，还可救，最怕没有廉耻心了，那就没办法了。如果他违法乱纪了，就要诉诸法律了。

这些年"寻找安详小课堂"来了许多警官，公检法系统的朋友，我特别高兴。他们会把德法并重的"德教"引进到"法教"的体系里面，有效地补充"法教"。但愿将来通过他们的努力，能为全国做出典范，为减轻公检法的工作压力作出贡献，为降低犯罪率和提高改造效果做出典范。

希望"寻找安详小课堂"在降低抑郁率、离婚率、犯罪率上做出典型；在德法并重进社区、进家庭、进学校做出典型。而这个典型，重中之重就是开发课程。从这个意义上来讲，我们录这样的节目意义重大。它既是节目，又是推广，也是传播，更是案例收集、案例积累、案例集成。所以，我说团队很重要，系统很重要，"众人拾柴火焰高"，"三个臭皮匠，顶一个诸葛亮"。天假以年，我希望能给后人多留一些这样的课程，也不枉来这个世界上一趟，也不枉作为华夏儿女，也不枉生在盛世。

古代有多少人想弘法、想利生、想教化、想为国家出力，没机会，现在国家给我们这么好的平台，这么好的机会，真的是生逢盛世。所以，我们要齐心协力，助力于中国梦的实现，助力于人类命运共同体的构建，特别是要助力文化自信的建设。

第三十七讲　谁知祸福唇齿生

"见富贵而生谄容者，最可耻；遇贫穷而作骄态者，贱莫甚。"讲的是"平等心"。"居家戒争讼，讼则终凶"戒除争斗的心、争强好胜的心，培养"礼"和"让"的品质。大家也许会问，这样一说，那没有是非了，没有正义了，人人都礼让了，那不是善良的人就吃亏了？老子讲"天道无亲，常与善人"，你在"人"那儿吃亏了，就会在"天"那儿获得支持。你看太阳，它没有说，我给富人多照一照，给穷人少照一照，它是平等照耀。大地也是，富人是一个脚印，穷人也是一个脚印，空气也一样。天地的品质，就是一个"平等"，就是一个"奉献"。

老子为什么讲"天之道，损有余而补不足。人之道则不然，损不足以奉有余"？那就是朱柏庐讲的，人往往会谄媚，会巴结，会锦上添花。

朱柏庐还让我们从争胜的心、争强的心里面解放出来。学会让，把利让出去了，把气让出去了，德就来了。德来了，"有德此有人，有人此有土，有土此有财，有财此有用"。德来了，"故大德必得其位，必得其禄，必得其名，必得其寿"。"君子务本，本立而道生"。可见，"吃亏"是占大便宜。当十四多亿中国人、八十几亿地球人都这样想问题，世界上会少多少麻烦！好多战争不就是争利、争强。所以，中华民族被称为"礼仪之邦"，它为世界做的榜样就是忍、让、和平，这是一直以来我们走中和之路的原因。

我们现在重视国防、重视经济、重视发展，但目的不是为了称霸。老子在《道德经》里关于"兵"那一部分讲了很多，我们注重兵戎，目的都是为了和平。这样，我们就能够理解朱柏庐为什么讲"居家戒争讼"了。

"居家戒争讼"，从小接受这种教育的孩子做了大官，在他管理的平台上，也会把争讼降到最低，做了领导人，就会倡导"德治"，"德法并重"。当然，我们讲"德治"，不能认为"德治"是万能的，"德治"必须以"法治"兜底，为啥？人的觉悟有等级，人的自觉性有等级，对于不自觉的人，就要用法律来惩戒。但大多数人是能够被唤醒的。王阳明说"人人皆可为圣贤"，就是这个道理。他连盗贼的廉耻心都能唤醒，何况一般走失的人，犯错误的人。

所以，《三字经》讲"人之初，性本善"。我们的教育是建立在"本善"的基础上的，而不是"本恶"的基础上的，大前提是人人的本性都是好的，人人都是"天人合一"的，心结是能打开的，怨气是能够除掉的，我们的"自信心"由此而来。

"居家戒争讼，讼则终凶。"朱柏庐告诉大家，打官司的结果，不管你是输，还是赢，都是凶的。因为打官司的心是争斗的心、抱怨的心。对照霍金斯的能量级，"憎恨、抱怨"是一百五十级，"害怕、焦虑"，是一百级。而按照霍金斯的观点，当一个人的能级低于二百级的时候，这个人就要生病了，这个家就要"生病了"。"居家戒争讼"，即便你赢了，出了一口气，获得了你想要的那一部分利益，但也伤了自己。

讲一个忍让功夫到家的典范。唐朝宰相娄师德，他的弟弟被朝廷派去守代州。在上任前向他告辞，他教导弟弟遇事要忍，他弟弟说："有人把痰吐在我脸上，我自己把它擦干净就行了。"娄师德说："还不行，应该让它自己干了。"

狄仁杰当宰相之前，娄师德曾在武则天面前竭力推荐他，但狄仁杰对此事一无所知。他认为娄师德不过是个普通的武将，很瞧不起他，一再排挤他到外地。武则天察觉此事后，便问狄仁杰："师德贤乎？"狄仁杰说："为将谨守，贤则不知也。"武则天又问："师德知人乎？"狄仁杰说："臣尝同僚，未闻其知人也。"武则天笑着说："朕用卿，师德实荐也，诚知人矣。"并随手拿出以往娄师德推荐狄仁杰的奏章让他看。狄仁杰看后，十分惭愧，叹息道："娄公盛德，我为所容乃不知，吾不逮远矣！"感动吧？

这样讲，并不是让大家不去维护正义，该打的官司还要打。但当人们都能从形而上去看待问题的时候，我估计，好多人都不愿意去打官司。当然，他也会在生活中谨小慎微，不要犯官司。预防比治疗更重要，"上医治未病"，得病了再治，那就难了，病去如抽丝。

那怎么样才能够不犯官司呢？前面讲过，保持俭德，保持谦德，谨小慎微，战战兢兢。"天若欲其亡，必先令其狂"，这是民间常讲的。当我们看到一个人狂的时候，他可能就要吃官司了。

孔子的七世祖正考父是春秋时期宋国大夫，曾辅佐过宋戴公、宋武公、宋宣公，官拜上卿，是一人之下万人之上的朝廷重臣，相当于丞相、宰相。地位很高，但行为十分检点。在家庙的鼎上铸下铭训："一命而偻，再命而伛，三命而俯。循墙而走，亦莫余敢侮。饘于是，鬻于是，以糊余口。"大意是：我曾三次被国君任命为上卿，每一次都是诚惶诚恐。第一次我是弯腰受命，第二次我是鞠躬受命，第三次我是俯下身子受命。平时我总是顺着墙根儿走路，生怕别人说我傲慢。尽管是这样，也没有人看不起我或胆敢欺侮我。不论是煮稠粥还是熬稀粥，我都是在这一个鼎里，只要能糊口度日就满足了。作为几朝元老，正考父不但没有居功自傲、玩弄权术、借机攫财、淫奢靡费，反而越来越谦恭节俭了，可谓终身守节。难怪他的后人中出现了孔子这样的大圣人，这与他的言传身教是分不开的。春秋时鲁国大夫仲孙貜正是从"正考父饘粥以糊口"预见"其后必有达人"。

从养生的角度讲，也要"戒争讼"。上了公堂，肯定动气，因为要辩论，不辩论，怎么打官司呀？一辩论，肯定生气啊。夫妻吵架时大家都有体会，不动气怎能吵下去呢？而一动气，生命能级就低于二百级，就伤肝。

肝伤了，木就伤了，木伤了，春意就不盎然了。肝对应着春，我们的"生机"就没有了，眼睛就不亮了，"肝开窍于目"。而肝伤了，心就暗下来了，因为心对应火，而木生火，所谓"心明眼亮"。

朱柏庐在讲了"忍""让"之后，把切口放得更小，讲"处世戒多言，言多必失"。生命中的许多麻烦，都是因为说错话造成的，说错了就有祸。

处世一定要"戒多言"，多余的话，最好不要说。"寻找安详小课堂"五项班规里有一条是"止语"，好多同学都讲，三天不说话，太好了。因为当人"止语"的时候，就是《朱柏庐治家格言》里讲的，"既昏便息，关锁门户"，能量的门户关上了，不漏了。

处事要"戒多言"，他这里讲的是"多言"，不是让我们不说话，是让我们在生活中少说话。孔子讲，"可与言而不与之言，失人；不可与言而与之言，失言。知者不失人，亦不失言。"该说不说，你就把"人"失掉了；不该说的说了，你就把"言"失掉了，就是你没有在恰当的时候说那句话。

夫妻之间好多悲剧，就是双方无意中说的一句话伤到对方，要想修复都难。为了避免悲剧发生，平时就要多训练"现场感"，念头起来的时候要察觉，前面讲过一个概念，平时要养成"后果意识"，每句话出口的时候，就要想到会给对方带来什么样的感受。

因为一句话出来，代表着一个人的态度、动机、情绪、情感。而行动是由动机支配的，动机是由念头组成的，念头的表现就是说出来的话。

"处世戒多言，言多必失"。这句话我们可以无限地去延伸。当作家的，是不是想写什么就写什么？是不是写得越多越好？当然不是。我们要以谨慎的态度做传媒，做文化，做教育。孔子讲，"述而不作，信而好古"。为啥呢？因为你"作"的时候，一旦没有觉悟，没有智慧，没有了解真相，往往会"作"成错误。

我在这里为什么不讲"郭文斌治家格言"？要讲《弟子规》，要讲《朱柏庐治家格言》，这就是"述而不作"。因为《朱柏庐治家格言》，它是经过从明末到整个清朝，到我们现在这么多年的时间检验的，它是经典。

接着，朱柏庐作了对应的描述，就是"屈志老成，急则可相依"，"老成"呼应"多言"。老成的人，说话会三思而出口。

一次，宁夏大学的一位教授及其研究生来"寻找安详小课堂"，我让他做一个主旨发言，主题叫"文学的建设性"。我本来想让他讲半个小时，但他讲得很简短，但非常切中要害。他说，看了"寻找安详小课堂"的专题片，来自全国的教授们在前面的课程里讲得都很好，但是，没有人提出来文学可以唤醒人的"善"，来抑制、防范人的"恶"，把"善"激活，把"善"唤醒。文学应该有这个功能。你看，他呼应了"文学的建设性"，就是正面的建设性。他的这种做事风格给人的感觉就是你能信任他，你能委他以重任。

"居家戒争讼，讼则终凶；处世戒多言，言多必失。"这两句话有无限的意味。后一句，着重强调人的稳重、妥当、持重，可以避免麻烦，提高生命的效率、准确性、正确性、合法性，规避掉许多错误。

第三十八讲　中到极处是聪明

接着，朱柏庐写什么呢？"毋恃势力而凌逼孤寡，勿贪口腹而恣杀生禽。"人性中非常容易犯的一个错误就是欺弱，容易仗势欺人。其实这两句是从不同的侧面同情弱者。相对于人类的弱势群体，有权有势的人就是强者；相对于生命来讲，动物就是弱者。

记得小时候，一村的人到猪圈，把一只猪逮住，绑起来，要杀时，我就想，这猪拿什么来反抗呢？那种心灵受到的震荡太强烈了，它是那么无助。跟人相比，它们是弱者。朱柏庐多巧妙，把这两件事情放在一块儿讲，表现出他的生命平等观。"毋恃势力而凌逼孤寡"，"凌逼孤寡"的人，就是孟子讲的"禽兽不如"的人。按照中华民族的传统美德，有良知的人对孤儿寡母，应该去帮助、体恤、安慰才是。

范仲淹两岁时父亲就去世了，母亲嫁到山东一个朱姓人家。他当时不知道自己的身世，有一天看不惯朱家弟兄们的做派，给人家提意见，提着提着人家就急了，说："你管得宽，你又不是我们朱家人。"范仲淹就回去问母亲，母亲才告诉他真相。原来他两岁就丧父了，母亲只得改嫁。范仲淹知道自己的身世之后就到醴泉寺去读书，划粥断齑。大家想，范仲淹是憋着一口气的，他要快快地成长，帮母亲啊。考取功名后，他上奏朝廷，恢复范姓，把母亲接过去。但是范仲淹也没有计较原来在朱家的不愉快，还常常通信，帮助朱家兄弟，这是范仲淹的人格境界。

孔子的父亲走得也早，孟子也一样，这些人为什么成为圣贤？跟他们的童年经历有关。所以，朱柏庐在这里写的这句话很有温度，"毋恃势力而凌逼孤寡"，从一个人对待孤儿寡母的态度上，可以看出他的人品。

前面讲过窦燕山，有人欠他的钱，还不起，还把女儿扔给他，走了。窦燕山怎么做的呢？把这个女儿接收为自己的女儿，养大，陪嫁，陪嫁的钱正好是那个人欠他的钱。所以"窦燕山，有义方，教五子，名俱扬"，人家的五个儿子都考中了进士。为什么呢？德厚者，不乘人之危，不乘人之难，雪中送炭。这里朱柏庐只是以"孤寡"为代表，讲了弱势群体。所以我常讲，扫黑除恶是百姓情怀；扶贫是百姓情怀；反腐是百姓情怀。

我原来动员我哥"学传统文化"。我哥嘲笑我，说："你再不要一天到晚当傻瓜了，你不要自己当傻瓜，还带着一帮人当傻瓜。"他说："做好人有什么好？你看那个谁，人家日子过的！你还是个文联主席呢，你看你住的什么房，坐的什么车，跟人家能比吗？"我就没话可说了。去年回去，我又问他："那个人现在过得怎么样啊？"他不说话了。原来扫黑除恶，被关进去了，儿子也被关进去了。我说："还是学传统文化好。"

请注意，"毋恃势力而凌逼孤寡"，因为势力会很快过去的，它不是恒力，不是常力。而善良品质的培养，要从小就开始，要教育孩子同情弱者，有平民意识。曾国藩一直给他的子侄讲："凡世家子弟衣食起居，无一不与寒士相同，庶可以成大器，若沾染富贵习气，则难望有成。"

我们观看历史，但凡有平民情怀的王朝都是长命的，因为统治者能体恤百姓疾苦。范仲淹第二次为什么被贬出去了呢？他去救灾，当地百姓无饭可吃只能吃草，他居然拿了一把草来让后宫的皇妃吃，说："尝尝，皇上，让你的妃嫔都尝尝。"皇帝就被惹怒了，说："你做你的清官就行了。"你看范仲淹就这种情怀，他就能体恤百姓的疾苦。

"毋恃势力而凌逼孤寡，勿贪口腹而恣杀生禽。"跟"勿饮过量之酒"一样，朱柏庐没有说你不要吃肉。因为他奉行的是儒家文化。"恣杀生禽"，就是随意、不节制、不合理、不合法地杀。"子钓而不纲，弋不射宿"。孔子不打巢中的鸟，不用网去打鱼，一个道理。《记住乡愁》里面有好多村子仍然保持着这样的传统，把鱼打上来一称，不够二斤，又放回去。这是一种非常美好的生命姿态。一个生命还没成长呢，我们就让人家结束，那是多么不道德的事情。"劝君莫打枝头鸟，子在巢中望母归"。白居易的这首诗之所以成为千古名句，正是因为写出了生命的同理性。

我在长篇小说《农历》中"干节"一章写过一个故事，有个猎人一天推开家门一看，外面死了一只老鸽子，因为他前一天打了一只小鸽子。很奇怪，也没打这只老鸽子，它怎么死在门前了？剖开它的腹部一看，肠子竟然是断成几截的，这就叫"肝肠寸断"。就像我们的孩子生病了，我们常常动这样的念头："把他的病全转移到我身上，让他健康。"情理是一样的。

当年我任《黄河文学》主编时曾编发过一篇稿子，是宁夏医科大学附属医院的一位作者写的，一家医学院进了十条狗要做实验，九条很快就完成麻醉，但有一条不管使用多大剂量的麻醉药都失效。师生们感到奇怪。一解剖，原来它正怀着狗宝宝。亲子、爱子可以让麻醉药失效。宋儒张载说"民胞物与"，什么意思呢？整个天地间的生命是一体，是平等的。所以，这里朱柏庐很朴素地讲了动物伦理学。

从一个人的正气来讲，这也是传家的重要内容。人要杀动物，一定要先动杀心，动杀心，调动的就是杀机，萧杀之气。所以，古代也好，现在也好，处决罪犯在哪个季节？秋天。为啥呢？秋天对应萧杀之气。从天人合一的层面来讲，只有果实成熟了才能摘取。国家出台《野生动物保护法》，这是非常英明的，至少野生动物被保护了。因为它们也是弱势群体，有些动物快灭绝了。就是说，从气质学上来讲，也不能"恣杀生禽"。

从防疫的角度来讲也有道理，历史上，不少瘟疫的传染源就是动物性食品。从粮食安全的角度来讲，也要减少动物性饮食。因为生产动物性食品，需要十多倍的谷物。前面讲到，地球上九个人里面有一个人还在挨饿。

请注意，朱柏庐用的是"勿贪口腹而恣杀生禽"，不是生存需要，而是满足舌头的欲望、口腹的欲望。在这里，不"恣杀生禽"跟"勿饮过量之酒"是呼应的。没有谁，一边吃小米饭一边喝酒的，他一定是酒肉不分家。造酒需要浪费粮食，生产动物性食品需要浪费粮食。所以，从爱国的角度讲，从粮食安全着想，也要少"恣杀生禽"，因为杀得少了，生物链的上游就提供得少了。上游提供得少了，大量的谷物就可以供人食用，而不是用来养牲畜。那么，土地的污染也就少，碳排放的水平就低。碳排放有两大方面，一个是工业排放，一个就是养殖排放。所以从环保、从绿色发展、从爱国主义的角度，都需要我们不"恣杀生禽"。

第三十九讲　阳光之人无暗路

前面我们介绍了"法肃辞严"，重点介绍了朱柏庐的婚姻观、语言观，用很长的篇幅讲了"法肃辞严"在血缘系统、学缘系统、地缘系统的体现，重点讲了学缘系统，讲了师道尊严。我们说，这是一个民族复兴的保障。没有"师道"就没有"尊严"，没有"尊严"就没有"师道"。可见，师道尊严也是人生的"先"，人生的"主"。搞清楚人生何为"先"，何为"主"，我们的心就能够安定下来。

有一次，一位大实业家请我去讲课，她开完场之后说："郭老师我今天有非常重要的事情，你就讲，我去处理。"我说："我很荣幸，你能给我开个场我都很荣幸。"然后我就开讲，没想到她一直没走。结束后，还让我到她办公室喝茶。喝茶时我问她："你不是说有重要的事情要处理吗？怎么没去呢？"她说："没听你的课之前都重要；听了，没啥重要的。"可见一些大实业家，他有共同的气质，那就是能随时调整人生的方向和内容。他们听完课程，就马上去献爱心，马上去做公益。

所以，何为人生的"先"，何为人生的"后"，何为学缘系统的"法肃辞严"，何为"师道尊严"，我这些年确实从不同的方面体会到很多，我做了这么一点点，大家都这么尊重我；反过来，让我更提醒自己要做得更好，这就是良性循环。学生对老师越尊重，老师要对学生越爱护，越把学生放在心上，这样，学缘系统的"法"就"肃"了，"辞"就"严"了，这样，师徒之间都有了"福利"。

中华民族向来注重师道尊严，但凡尊师重道的王朝都很快赢得民心。清军入关以后清流不服，读书人不配合，清王朝采取的策略是什么？把孔老夫子请出来，皇帝带头尊孔，清流一下子气就顺了，好多人就愿意出仕、愿意服务了。秦始皇建立的王朝够强大了，成吉思汗建立的王朝够强大了，为什么国运没有保持？跟他们在这个问题上的认识程度不够有关。他们以为靠严法酷刑就能保持国运，那不行，因为不符合天道，因为天道是慈道，是"平民意识""公平意识"。

听过我课的同志都知道，我常用《新闻联播》的语言讲中华优秀传统文化，尽可能地避免已经符号化了的词，这也是一种"处世戒多言"。我的理解是要少说一些负能量的话，少说一些是非的话，少说一些批评的话。我主张作家写作，记者发稿，多写正面内容，多表扬人，多赞美人。用批评的方法解决不了的问题，用赞美就解决了，因为人都希望正面激励。所以，要么就少说，要说就看优点，讲优点。

"寻找安详小课堂"有一面墙，专门是看优点的墙，大家写纸条，今天谁有哪个优点，明天谁有哪个优点。看优点能让一个团队保持正能量。霍金斯认为意识亮度决定了生命能级——他讲的亮度是光亮的亮，意识亮度越高，生命能级就越高，这很好地帮助我们理解朱柏庐的语言观。

接下来朱柏庐讲："乖僻自是，悔误必多。"为什么讲完语言观，接着讲"乖僻"？"乖"就是古怪、孤僻、不合群、乖张，这样的人，"悔误"就多。"乖僻自是"的人也容易得精神性疾病，因为"乖僻自是"背离了"中道"。性格古怪、孤僻、不合群的人，他的气就是偏的，他的行为就是乖谬的。

历史上，但凡性格古怪、不合群、价值观怪异的人，往往会做出反人类的事情。希特勒就是。而这也提醒我们作家、艺术家、媒体人在从事创作的时候要为读者着想，因为所有的文艺作品，所有的传媒作品都有心理暗示。

因为这是治家格言，因此下一句又落在传家上。传家传什么？传正气，要摒弃乖僻之气。按着朱柏庐讲，"颓惰自甘，家道难成"。就是甘于颓废懒散的人，他的家道难成。哪一个颓废懒散的人能把家兴起来？孔子也好，郭子仪也好，颜真卿也好，曾国藩也好，哪一位不是尊重生命价值，不是惜时如金？

我到广州讲课的时候，有一个妈妈来找我，她的孩子高三，有自杀倾向，他不怎么上网，也不怎么打游戏，但爱看小说，爱看谁的小说呢？拿过他的笔记一看，日本一位作家的小说。我就不讲这个作家的名字了，这个作家一辈子就在写自杀，据说他三次自杀，都有粉丝效仿，最后他还是自杀身亡。这个作家作品里充斥着阴气、颓气、废气、堕气，不但他的家道难成，他也死于非命，而且误导了千千万万的读者。那是谁把这一本书翻译过来的？大家说有没有相关性？要不要承担责任？我跟这位母亲说，"你要赶快让他告别这位作家"。

大家知道，暗示一旦形成，要想清理是很难很难的，就是一句话你听进去了，一个念头你动了，它确实就是一粒种子，恐惧也是一粒种子。现在国家净化网络环境，这是值得我们大大点赞的。因为它关乎到中华民族这个家是否"颓情自甘，家道难成"。一个国家的衰败跟它的文化一定紧密相连。汉朝的《诗大序》中讲："治世之音安以乐，其政和；乱世之音怨以怒，其政乖；亡国之音哀以思，其民困。"又讲："先王以是经夫妇，成孝敬，厚人伦，美教化，移风俗。"由此，我们就会理解中华民族的诗教传统。

现在有不少青少年追星，追什么星，追那些"乖僻自是"的星，追那些"颓情自甘"的星，这阵审美风诱导了好多青少年。中华书局、山东教育出版社在出版我的文集和文集修订本的时候，我把一半作品"雪藏"了，就是从此再也不出版了。为什么？因为我已经意识到，出版、写作是要有责任感的，我"雪藏"了的这些作品，要么是审美感不够，要么带有忧伤的色彩。

所以，文化人一定是要用神圣感来从事文化事业。我任《黄河文学》主编时曾提出"三个倡导"，一直印在每期杂志的扉页："倡导办一份能首先拿回家让自己小孩看的杂志，倡导能办一份能够给读者带来安详的杂志，倡导办一份能够唤醒读者内心温暖、善良、崇尚和引人向内向上的杂志。"我也提出来了"安详生活观""安全阅读观""底线出版观""祝福性文学观"，到处奔走宣讲，希望引起人们重视。总之，文化的暗示性是极其重要的，它关乎到家风、国风、社风、民风。

一个家庭、一个企业、一个单位，最最重要的就是树立正确的风尚。一定要让有正气的人占据重要舞台，而不要让那些"乖僻自是"的人、"颓惰自甘"的人成为红人。一个单位、一个团队，当这些人成为主导的时候，你就可以断定它的生命力快要衰竭了。

第四十讲　心若中时无左右

接下来，朱柏庐重点讲修身、讲气质了。

"狎昵恶少，久必受其累；屈志老成，急则可相依。""狎昵"是过度地亲热，"恶少"是不良少年。所以交友，就成了家风建设的重中之重。有许多良善青少年因为交友不慎被带上邪途。让我比较自豪的是"寻找安详小课堂"给大家提供了一个"亲仁"的平台。"能亲仁，无限好，德日进，过日少。不亲仁，无限害，小人进，百事坏。"

那么，怎样才能预防交友出错呢？判断力就很重要。家风就很重要。为什么朱柏庐开头便讲"黎明即起，洒扫庭除，要内外整洁。既昏便息，关锁门户，必亲自检点"？一个家如果能把住"既昏"关，损失就会少一大半。有经验的父母一定给孩子规定晚归的时间，因为"恶少"做错误的事情，一般不会选择白天；小偷白天睡觉，晚上"劳动"；娱乐场合大多晚上开始营业，很少有大清早营业的。所以，许多家训对作息时间有严格限制。没有严格的时间制度，就很难有严格的家道。

"屈志老成，急则可相依。""屈志"是说我本来水平很高了，却表现出一种谦德。亲近老成持重的人，"急则可相依"，有急事儿靠得住。我们常说这个人老成持重，那就说明这个人修炼到家，做事稳妥，可以依靠。

前面讲过郭子仪，唐王朝快灭亡的时候，皇帝想起赋闲在家的他了，当他把王朝救活，又把他的兵权解除掉了。再次濒临灭亡，又想起老臣了。宋王朝也一样，后来对付西夏没办法了，夏竦、韩琦这些人保举范仲淹出马，范仲淹一介文臣去守边，在延安一带用防守战略跟西夏周旋，取得重大的战略成功。郭子仪、范仲淹、曾国藩、王阳明这些人都是老成持重的人，是中兴之将、国之重臣。我们要学就学这些人。刘禹锡说："目览千载事，心交上古人。"我们学习《朱柏庐治家格言》，就是跟朱柏庐交心呢。

泱泱中华史，诞生了多少家训。我协助央视拍《记住乡愁》的时候，看到每一个大家族都有家规家训，为什么《朱柏庐治家格言》能穿越时空胜出，肯定是优秀嘛，对不对？既简洁又有文学性，又押韵，又对仗，品味这些句子，让人感叹，朱柏庐怎么写出来的。

"狎昵恶少，久必受其累；屈志老成，急则可相依。"这句是说，任何时候我们都要向老成的人亲近学习，它跟前面的"狎昵恶少"是呼应的，不要跟那些游手好闲的人、性格古怪的人、颓惰自甘的人、乖僻自是的人交往。因为人跟人相处，目光交流是共振，说话是共振，拥抱还是共振，都在交换信息。

在这里朱柏庐用了一个"急"，"急则可相依"，因为人有许多困境，都是在非常着急的时候。孩子突然生病了，亲人突然去世了，这个时候人们最需要别人心理上的支持、行动上的支持，哪怕是言语的支持、安慰、陪伴。这就是这两句话背后的意蕴。"狎昵恶少，久必受其累；屈志老成，急则可相依"，一个"依"字写尽了朱柏庐心中的温暖。

讲完老成持重的人是我们亲近的对象之后，接下来讲："轻听发言，安知非人之谮诉，当忍耐三思。"怎样才能不"轻听发言"呢？不被别人"谮诉"（诬陷）呢？那就要有判断力。在这里，朱柏庐用了一个"轻"字，千万不能"轻"，听后一定要做到沉淀、调查，再做出反应。《弟子规》也讲"事非宜，勿轻诺。苟轻诺，进退错"。因为我们在日常生活中非常容易陷入言语的误导。

我们看历史，无非就是忠言和谗言的较量史，对不对？以唐代为例，鱼朝恩要把郭子仪害死，连人家祖坟都掘掉。"安史之乱"爆发，郭子仪、李光弼、颜真卿、颜杲卿、张巡、鲁灵等忠臣良将力挽狂澜，不想在进入战略僵持时，杨国忠进谗言，让唐玄宗逼迫凭潼关天险坚守半年之久的哥舒翰大军出关攻击叛军，由于唐朝士兵久不打仗，缺乏战斗力，二十万大军全军覆没，使唐朝主力部队差点被消灭，由此引发马嵬坡兵变，唐玄宗的卫队不但把杨国忠杀掉，而且逼迫唐玄宗将爱妃杨贵妃赐死，让她上吊。杨国忠害怕哥舒翰的势力超过他，就进谗言借刀杀人，来保持他在皇帝面前的影响力，谁想害人终害己。

对于唐玄宗来说，就犯了"轻听发言"的错误。所以，一个人要学会"兼听"，"兼听则明，偏听则暗"，多听听，再表态。

这里，讲了两个方面：一方面，对进谗言的人，要警惕；另一方面，要保持听的定力，就是每当语言到我们面前，每当别人跟我们交流的时候，不能被"带走"。"轻听发言，安知非人之谮诉，当忍耐三思。""三思而后行"，三思而后表态，三思而后应和，这是一种文化定力。前面讲过，中华文化有其稳定性，这种稳定性一定与文化防谗、防谮有关。

接下来他讲："因事相争，焉知非我之不是，须平心暗想。"你看这对仗，讲得多好。就是跟人争起来了，到底是他错了，还是我错了？要"平心暗想"。请注意，作者用词非常考究，在这里他用了一个词叫"平心"，先把情绪稳定下来再做判断，因为人在冲动当中是很难做出正确判断的。曾国藩的爱将罗泽南为什么说"人在慌乱中而不失去定力，才是真正的学问"。罗泽兰有一种能力，那就是在慌乱中能让自己平静下来。所以，我们讲"急事要缓办，缓事要急办"是有道理的。所以，我们要养成一种习惯，"让我想想"，"须平心暗想"，把心先平下来。前面作者用了一个"轻听"，这里作者用了一个词"平心"，讲"因事相争，焉知非我之不是，须平心暗想"。显然，朱柏庐是做过功夫的，修炼过的。一听他的用词，就知道这是他的"分享报告"。"平心"，先把情绪处理好，再处理事情。如果不把情绪处理好，是很难正确地处理事情的。"暗想"，静静地想一想，是不是我错啦？

按照儒家文化的讲法，"行有不得，反求诸己"。他们甚至认为，所有的错误都要从自己身上找原因。按照西方心理学的说法，一个人要为他生命中发生的一切负百分之百的责任，就更不用说了。我看见了一个不顺眼的人，我听了一句不顺耳的话，不是因为他，而是因为我的旧记忆，所以要清理我自己，那就是更高的境界了。

但朱柏庐不是给道人讲的，是给家人讲的，就要很朴素地讲。讲"忍"的功夫，"耐"的功夫，"平心"的功夫，处理情绪的功夫，"暗想"的功夫，在心底深处把问题解决掉。

大家看古代的朝廷结构，要有皇帝，要有宰相，还要有谏官，还有要有史官。环环相扣，为什么要如此设计？就是为了避免"轻听"，为了做到"平心暗想"制度化。一般皇帝会把国事、国政交给宰相去做，宰相做得对不对，谏官要发言的。古代社会的谏官可厉害了，有些是冒死进谏，因为他认为这是他的神圣职责，这个政令如果下去了，错误了，千千万万的老百姓受难受灾，这是谏官没有尽到职责。

再说史官。皇帝每天的行住坐卧，两个记录员都要记录在册，连皇帝今天跟哪一位妃子在一块儿过夜，都要记得清清楚楚。所以，古代社会，史官是家族式的，比如说司马迁，皇帝可以杀别的大臣，但他不能杀史官，可以给他一些刑罚，但不能杀史官。一旦杀了史官，就会引起公愤，他是一种具有天授意味的监督者。

现在有些影视剧，戏说历史，把古代的皇帝写得非常八卦，这是不对的。哪一个皇帝不希望自己名垂青史？哪一个皇帝不希望后人赞美他是明君、圣君？雍正皇帝每天批的奏折，比今天作家每天的创作量都要大，他是很勤政的，他也要解决一个传家的问题，他如果不勤政，祖先打下的江山怎么能保持几百年呢？

作为文化人、传媒人、教育工作者，一定要树正气，树正面典型，千万不能把我们的祖先八卦化、丑化，误导青少年，这是一个民族能否保持它的生命力非常重要的文化战略。

理论自信、道路自信、制度自信，基础是文化自信，而文化自信里面，一个重要的板块就是家风文化、家训文化。

到了这里，朱柏庐已经把家风向人格推进了，"焉知非我之不是，须平心暗想"。

第四十一讲　正大之后是光明

　　"施惠勿念，受恩莫忘。"这就到了更心法的部分了。别人给我们恩情，我们要一生记着，记恩愉快，记仇不愉快。朱柏庐知道人性的弱点，所以他提醒我们"施惠勿念"。明理的人他尽心尽力地帮人，不会在乎回报。但人的惯性是，如果我帮了他，这个人没有回报我，常常会有失落感，有失意，许许多多的烦恼就是由此而来。这种烦恼背后的文化逻辑是什么？当一个人惦记着帮过别人的时候，大家细细体会，这里面有没有控制欲？有没有占有欲？有没有表现欲？这就是我在讲《弟子规》的节目里面展开讲过的"三欲"。

　　这"三欲"是从哪一个根上长出来的？"自我"的根。《吕氏春秋》《竹窗随笔》等多部经典都记载过一个故事，大意是这样的：楚王打猎的时候丢了弓，臣下要去寻找，楚王说别找了，"楚王失弓，楚人得之"，找个什么呢？对于国王来讲这没损失呀，得失都在楚国。有人讲给孔子，孔子说，何不把"楚"字去掉，为"人失之，人得之"。讲给老子，让把"人"也去掉，只是"失之、得之"；讲给释家，说这个世界上压根就没有得失，都是一个"空"。当一个人心里空空如也的时候，他就没有烦恼了。

我们惦记着帮助过的人，说明还有一个"我"。所以，检验是否由"小我"到"大我"到"无我"，有个重要的测试标准，那就是看我们帮了别人还是否想着别人来回报我，看还时时想这件事不，如果不想了，那我们就真的升级了，到"无我"境界了。

但这里朱柏庐又要让我们"受恩莫忘"，为什么呢？因为感恩心本身就是天道，因为"出乎尔者，反乎尔者"。我们接受了阳光，接受了空气，接受了水的滋养，感恩的时候，就跟它们进行量子纠缠，这是正向的纠缠；同时感恩别人也是激励这些做好事的人。所以，这也是一种行善积德，鼓励行善的人本身就是行善，赞美行善的人本身就是行善。

因为这个社会行善的人往往容易受别人诟病、议论，因为大家有个恶习，他不去做，别人做了，他还要议论。所以好多人做着做着心就凉了，没有定力的人坚持不下去。所以我特别能够理解林则徐的那句话，林则徐被流放伊犁的时候，临行前写了一句话："苟利国家生死以，岂因祸福避趋之。"如果一个人没有这种情怀，没有为国家着想，为大众着想这种情怀，一般的人坚持不下来，所以要"施惠勿念，受恩莫忘"。

记得有一位大姐当年找我帮忙的时候，焦虑到什么程度？饭都没法吃。鼻炎严重到那个程度，一看就是焦虑造成的。一问咋回事，说孩子上不了"轨道"。我说别着急，他会回头的。就教她一些方法，她就跟进。但进展缓慢，我说，你坚持做，会有新的缘分到来。后来真的到来了。儿子不配合，找了个儿媳妇，成了她的知音，整个家庭气氛就变了，她的鼻炎也好了，各方面也顺了。后来呢，新的缘分又来了，生了一个孙子，聪明伶俐，这位大姐高兴得不得了。她才理解了《醒来》中的那句话："上苍按照一个人的心量配给能量，能量的配给是通过缘分实现的。"

这些年，有好多曾经帮助过我的老首长、老朋友，我就用这种方式回报了他们。就是"施惠勿念，受恩莫忘"，"受人滴水之恩，当以涌泉相报"。上苍是喜欢那些念恩的人的，因为它是天道。吃了土地奉献的大米，记着大地的恩情，这就是"天地之道"。

念恩思想是中华民族的一大特征。我参加过公祭轩辕黄帝的大典，因为我参与起草了文书、祭文。先颂祖德，感念人文黄帝的功德，这是念恩啊。我们现在用这种方式录这个节目，也是念朱柏庐的恩。每年一族人在祠堂过大年、祭祖，也是念恩。腊祭也是。大地给我们五谷，保障我们生存，我们收获了谷物之后，就要念大地的恩。孔子"虽蔬食菜羹，瓜祭，必齐如也"，孔子每顿饭前都是要念感恩词的，就像平常的大祭一样，"施惠勿念，受恩莫忘"。

接下来，"凡事当留余地，得意不宜再往"，它跟"施惠勿念，受恩莫忘"其实是一体两面。不要总是期待别人帮助。取得了一次成功，不要总想着马上又获得一次成功。特别不能心存侥幸心理，凡事要留有余地。

"得意不宜再往"。按照野史记载，有人曾劝曾国藩推翻清政府，自己称帝，曾国藩如果试一下，完全有可能。但曾国藩没这么做，他留有余地，因为他的理想是成圣，而不是成王。

"留余"的思想是中华文化的重要特征，将我创造的财富留给子孙一点；我家创造的财富，给邻居留一点。后面朱柏庐讲道："国课早完，即囊橐无余，自得至乐。"把我们的收获贡献给国家，用税收来赈济灾民，让国家机器运转，这都是"让"的思维，"留余"的思维。

　　"凡事当留余地，得意不宜再往"。是为了校正一些极致主义者。现在有许多商业思维都是极致思维。有许多广告词，一看吓人，"速战""速胜""必决"，这不符合中国人的哲学，我们的哲学是"留余"的哲学。为啥呢？如果把弓拉满了，就意味着这个弓将要断了。如果我们取得世俗层面上的成功太多，就意味着把面缸里的面粉全做成面包压在那里了，所以，"留余"思想其实是把活力留出来。

　　"得意"，得的什么意？好多"得意"其实是满足欲望，朱柏庐为什么从"俭德"开始讲，"君子以俭德避难"，它是呼应的。俭德，就是给我们的福气库留有余地，没有余地生命就难以回旋。因此说话要留有余地，做事要留有余地，做人要留有余地。它是一种思维方式，满了就转不开身了，就回不了头了。因此，"凡事当留余地，得意不宜再往"。

郭子仪是这么做的，你皇帝解除我的兵权，我拱手相交，我在家里优哉游哉，大门敞开。"权倾天下而朝不忌，功盖一代而主不疑"。七子八婿，三千家人，孙子多得叫不上名字，他为什么能做到这样呢？因为他会"留余"，留有余地就能回旋。

郭子仪怎么"留余"呢？与人方便，与己方便。别人挖了他祖坟，他就从自身找原因，不报复。他敢单骑退吐蕃大军，孤身到敌军阵营里去，那种胆量！他为什么能做到这样呢？因为他留有余地。当然，从另一个角度来讲，他为了国家可以舍生忘死。安史之乱之后，他好不容易把河北一带收复了，唐肃宗到宁夏的灵武登基之后，让他回来，他就放弃了当时那么重要的战略优势，撤兵回宁夏灵武。他有大局意识，没有私心。

"得意"如果是上苍所赐，欣然接受，带着感恩心接受，但是内心不能盼望第二次，或者马上得到第二次。这样，就把我们的能量保护住了。这是《朱柏庐治家格言》给我们的启发，"凡事当留余地，得意不宜再往"。

接下来更加精华的内容就到来了："人有喜庆，不可生妒忌心；人有祸患，不可生喜幸心。"因为人非常容易犯一个错误，幸灾乐祸。对不幸的人要安慰他。怎么安慰？有一种方法，你就给他讲更不幸的故事，他就走出来了。他知道，还有比他更不幸的。所以，每听到一个人的不幸的时候，就考量我们动的第一念，有没有幸灾乐祸。

第四十二讲　光光相照美人伦

　　每个人都要问问自己，看到别人好的时候，是否动过妒忌的念头？仇过官吗？仇过富吗？仇过名吗？妒忌心说到底是小我的心，天道、地道里没妒忌心。天空希望所有的鸟儿都自由飞翔，大地希望所有的庄稼都长得好。所以，中华文化讲天地精神，真是太厉害了。为什么我们有天坛、日坛、月坛，要祭天、祭日、祭月，就是提醒人们，在我们的生活之外，在我们的头顶之上，还有一个观照者。现在科学太发达了，人类能登月了，在古代社会，月亮带给人的想象有多丰富，多诗意。每逢传统节日，"寻找安详小课堂"都要集体诵读《农历》，举办相关活动。元宵节点灯盏，重阳节敬老，等等。

　　一个人在世俗生活之上，最好能够建立一种形而上的想象力，他在生命的一些大关节点上，就会做自我心理干预。这样，对于一个人的成长，就建立了两套系统，一个是功利世界的系统、世俗世界的系统，一个是超功利世界的系统、形而上世界的系统。它会对人的心灵有滋养作用，因为人一想到日、想到月、想到天、想到地，心量就大了。为什么"人有喜庆，不可生妒忌心；人有祸患，不可生喜幸心"。这个"妒忌心""喜幸心"都是小我的心，都是局限世界的心，都是被"四堵墙"围着的心。一个人要想回家，要想获得根本快乐，要想不流浪，就要把妒忌心打掉，把幸灾乐祸的心打掉。

但是妒忌心是很难克服的，它是人性的弱点，包括虚荣心。就拿我来说，一个作家、一个艺术家，权关好过，财关好过，最难过的就是名关——荣誉关。别人打我一下可以受得了，骂我一下可以受得了，但是有人诬陷我，不动心就很难，都是一个道理。

朱柏庐只不过是拿妒忌心和喜幸心在说人性的弱点。只不过每个人过的功课都不一样。有些人丧财就是丧命，有些人丧名就是丧命，各自过的关不一样。文人、名人最难过的就是名关。我把《农历》写出来，如果不署"郭文斌"，而是署一个笔名，可以吗？这在一定意义上也是占有欲，也是表现欲，只不过更隐蔽。《目连救母》的作者是谁？《论语》的作者是谁？好多经典，古人都没署名。

所以，中华优秀传统文化的实践，到了心法的地步就非常细微了，就是细微的小我，就是妒忌心。有些人甚至妒忌他的女儿。陈彦的长篇小说《主角》写了一个秦腔演员，当女儿的表演超过她的时候，她受不了。导演让她把主角让给女儿，她更受不了。艺术家到一定程度就这么恋舞台。陈彦写的是人性，现实中肯定有这样的人，不然他写不出来。讲课的人同样容易犯的错误，是听不得自己的学生说别的老师讲得好。我有没有这个毛病呢？有，只不过现在比较自觉，赶快就要清理，赶快就要调整。希望人人都说我讲得最好，其实是不对的，是小我、是自我。修行、修学、修炼从哪里下手？就从这里下，从难下手处下手。

妒忌心原因出在哪里？你还是没有把"四堵墙"推倒，你把"四堵墙"推倒，他就是你，你就是他，他讲得好就是你讲得好，你还会妒忌吗？就是要见得人好，要见不得人苦，这就对了。如果见不得人好，那就有问题，就要赶快下功夫，做功课。"见人之得，如己之得；见人之失，如己之失"，这就对了。你看朱柏庐厉害不厉害，他在这里讲心法，因为妒忌心是人性的最难克服的弱点之一。

幸灾乐祸的心，也是人性的最难克服的弱点之一。跟前面讲的地德相比，就更加知道老子的伟大，为什么要"人法地，地法天，天法道，道法自然"？地道、天道是什么？生长的品质、平等的品质、包容的品质、承载的品质、担当的品质。特别是平等。一个人真平等了，哪里有妒忌心？哪里有幸灾乐祸的心？"教子要有义方"的"义"，朱柏庐就这样一步一步展开讲述。

上升到文明，中华文明是一种扶危济困的文明，我们的祖先是一方有难，八方支援，不会袖手旁观，这就对了。集体主义、爱国主义，它的文化逻辑就是整体性。而这个整体性的来源就是中华文化的人文系统，而人文系统是由天文系统来的，而天文系统的最大特征就是宇宙观。

我们看《朱柏庐治家格言》的内在联系在"毋恃势力而凌逼孤寡，勿贪口腹而恣杀生禽"之后，朱柏庐讲，"乖僻自是，悔悟必多。颓惰自甘，家道难成。狎昵恶少，久必受其累。"这里面有一个暗含的逻辑关系。"恃势力而凌逼孤寡"，"贪口腹而恣杀生禽"，如果看成是前提，结果往往会"乖僻自是"，往往会"颓惰自甘"，往往会"狎昵恶少"。这些，我们在读的时候很容易忽略。

前面说过要养生机，不能养杀机。肃杀之气，杀机往往会让一个人、一个家庭"乖僻自是""颓惰自甘"，"狎昵恶少"，这些都要我们细细去琢磨。

如果养生机，这个人、这个家庭就会"屈志老成，急则可相依"。所以，《朱柏庐治家格言》真的要百遍千遍地读，读着读着你就会觉得为什么要这样写。一路讲下来，"轻听发言，安知非人之谮诉，当忍耐三思；因事相争，焉知非我之不是，须平心暗想。施惠勿念，受恩莫忘。凡事当留余地，得意不宜再往。人有喜庆，不可生妒忌心；人有祸患，不可生喜幸心。"前面给大家重点分享了妒忌心跟喜幸心对生命的戕害，这是一个人走向大我世界的最大的障碍之一。要想"回家"，要想安详，要想得到根本喜悦，就要把妒忌心、幸灾乐祸的心消灭掉，因为这是人性的弱点，是生命的惯性。

人有喜庆的时候，要"见人之得，如己之得"。人有祸患的时候，要"见人之失，如己之失"，这样就一体了。而真正的永恒、坚定、圆满、心想事成的境界，藏在天人合一里，藏在一体中，藏在"你就是我，我就是你"里面。一个人到这个程度，就是古人讲的"诚者，天之道也"的境界。因为朱柏庐在开篇就讲到"黎明即起，洒扫庭除，要内外整洁"，他给我们两个关键词，一个是"整"，一个是"洁"。"整"就是不缺，"洁"就是不染。当一个人的心灵"不缺""不染"的时候，他就进入了大宇宙，大宇宙的富有也是他的富有，大宇宙的美丽也是他的美丽，大宇宙的功能也是他的功能，这就是《清静经》讲的"人能常清静，天地悉皆归"。而一个人心中一旦存着妒忌，一旦存着喜幸，他就无法前进。

接下来，朱柏庐讲他心法的更细微部分："善欲人见，不是真善。恶恐人知，便是大恶。"一个人做善事，想让全天下的人都知道他做善事，这就不是真善。一个人行恶，又想让全天下人都不知道他行恶，这就是大恶。

给大家讲讲东汉名臣杨震的故事：二十二岁那年，杨震接到朝廷任命，从荆州赴东莱任太守，途中路过昌邑县，当时担任昌邑县令的王密，正是当初杨震担任荆州刺史时推荐的。听说老领导来了，王密正好趁此机会去看望一下。到了夜里，王密前去驿馆拜访杨震，两人秉烛夜谈，甚是愉悦。临走时王密从怀中捧出十斤金子，准备送给杨震。杨震说："你这是干吗？你难道不了解我吗？"王密说："暮夜，无知。"杨震说："天知，地知，你知，我知，何谓无知者。"由此，杨震被称为

"四知太守"。受他的影响，他的儿子、孙子、重孙杨秉、杨赐、杨彪官至太尉，成就了"四世太尉"的佳话。有人作诗赞美：千古四知三不惑，清廉正气铸家风。积德累善留余庆，四世三公映汗青。

在每一次的"寻找安详小课堂"小组分享的时候，有一些同学真是相当深刻，把他曾经犯过的错误给大家分享，一次曝光。当然我们课堂有纪律，小组分享的内容绝对不能外讲，只限于小组。大家借这个场来清理自己，不能把别人的隐私讲出去，这都已经成为常识。

"善欲人见，不是真善"，但是，换一个角度去看，从典型引路榜样激励的角度讲，就又变成了真善。一定意义上，"我不想让人知道"这是不是个"想"。也是个"想"，只不过很隐蔽。有些人说"我不想曝光，我不要阳善我要阴德"，这是不是个"要"？所以，学到一定程度，就进入细微处了。就像一位大企业家给央视的一位导演说："我这二三十年做的阴德，被你们这一个片子全曝光了。"变成阳善了。当一个人作"阴德"想时，已为"阳善"，真正的"阴德"是心里压根就没有阴阳概念，做善事只是良心驱动，无缘无故的善良，感同身受地帮人。这就到了妙处。

第四十三讲 阳善阴德几人知

《清静经》讲："夫人神好清，而心扰之；人心好静，而欲牵之。常能遣其欲，而心自静；澄其心，而神自清。自然六欲不生，三毒消灭。所以不能者，为心未澄，欲未遣也。能遣之者，内观其心，心无其心；外观其形，形无其形；远观其物，物无其物；三者既悟，唯见于空。观空亦空，空无所空；所空既无，无无亦无；无无既无，湛然常寂；寂无所寂，欲岂能生；欲既不生，即是真静。"有人追求"空"，那么，追求"空"的这个念头是不是又是个"有"呢？所以，这就很微妙了。

如果没有人带，很多人是走不出知见之障的。这也就是在没有彻底的、稳定的现场感水平之前，学生不能离开老师的原因，为啥呢？在特定情况下，只有老师随时抓你的现场，你才能进步。抓现场抓现场，如果过了这个现场就没必要抓了，因为你的描述又成了一个知见。现场，发生了，当场逮住，原来这就是知见，你往往会恍然大悟。所以，我们看到，古代社会好多弟子跟着老师，老师根本不讲什么课，就是让洒扫庭除、做饭、拎包，调频到一定程度后，老师开始抓现场，像雷达一样捕获弟子的卡点，一一点破。

道理就那么一两句，窗户纸就那么一两层，一捅就破，关键是"调频"。既然关键是"调频"，就要专注。今天在这儿调调，明天在那儿调调，就永远调不了频。

古人讲的"天道"，王阳明悟的那个"道"，跟老子悟的那个"道"，在本质层面，是一个"道"。如果这个宇宙有两个"道"，那不是乱套了吗？谁说《朱柏庐治家格言》不高、不深？"善欲人见，不是真善"，有"我"就是"见"，有"求"就是"见"。

哪一个圣人没有经历过灾难？孔子也有"陈蔡之困"，王阳明就不用说，九死一生这是上苍对一个有使命的人切磋琢磨的过程、磨砺的过程。"故天将降大任于是人也，必先苦其心志，劳其筋骨，饿其体肤。"这是从外在上讲的。从内在讲，就是必须去除"自我"。但是，当老师的要把握好火候，能挨住的，重重地㨃；挨不住的，要以表扬为主，鼓励为主，到了一定程度，就要打"知见"了。有时候学生对，老师有意说他错，看学生受得了受不了。受得了，说明他进了一步；如果受不了，那就再调整。

"善欲人见，不是真善"。这样一解读，大家就知道我们在生活中选择阳善，选择阴德，主要是看心法，主要是看动机，主要考量有没有"我"在里面。这一点搞不清楚，生活中的许多现象就无法解释，那个人"积善"着呢，怎么命运改不了，这个人没"积善"，命运怎么改了？一切差别都在细微处。

圣人做事，他看影响力，看流弊，看久远，不看当时。子贡和子路做了好事，一个受赏，一个不受赏，孔子恰恰表扬了受赏的，批评了不受赏的，道理就在这儿。因为孔子看得远，他看最后的流弊和影响力。"善"需要全社会的激励，这几年国家调整得很好，前些年大家追娱乐明星，这些年人们开始崇尚英雄，这是一种很好的激励风向。

"恶恐人知，便是大恶"，这句话的分量非常重。明白道理的同志就会知道，要把"恶"早早曝光，越早越好。在它没有发芽之前，在种子时代就曝光，做成"豆芽菜"

吃掉；等长成参天大树再曝、再挖，那就晚了。这句话让我们从多个层面去做功课：最好的功课当然是不作恶。万一做了，在学习、明理之后，要用不同的方式去曝光。面向大众去曝光也行，用一些特殊的空间曝光也行，通过写回忆录、自传的方式曝光也行。

正如《忏悔录》，天下没有哪个读者会瞧不起勇于认错的人。对此，也要看影响，如果认错对社会有益，就向全社会认错，如果无益，就要用特殊的方式进行。比如在"小课堂"的学员分享过程中，有些学员讲到隐私，这是需要保密的，如果流传出去，对"第三者"会造成不好的影响，我们改过是为了净化心灵，而不要在事上去用力。

古人讲，最好的改过是"后不再造"。从此以后再不犯类似的错误，这叫真改过。所以，鲁哀公当年问孔子，你的学生里面谁的境界最高？孔子说，颜回。为什么？"不迁怒，不贰过"。"不贰过"就是同样的错误不犯第二次。

到此，就已经非常细微了。再往细微处讲一层，什么是"过"？但凡我们的行为伤了"天道"的，伤了"人法地，地法天，天法道，道法自然"的，伤了那个"自然而然"的自然，那就是"过"。如果一件事情有助于我们最大化地为人民服务，在别人看来有可能是"过"，从内在逻辑来讲，它可能就是"善"。

你说孩子偷东西，你打他，是不是"过"？是不是"恶"？当时看来这是"恶"，应该包容。但是因为这一巴掌下去，这个孩子从此免于牢狱之灾，它又成了"善"。

跟一个人的相处，从理法上来讲可能是"过"；但若对另一个人有实质性的帮助，对社会有实质性的帮助，又不是"过"。这就要考量我们的动机是什么，动机是为了自己的私欲，还是为了帮助别人，还是为了利于社会，这就很细微了。对社会有实质性的帮助，一个标准：一切看我们的存心和动机，有益于人就是"善"，有益于己就是"恶"；有益于流弊、影响力就是"善"，相反就是"恶"。

这些年，我在悟一个字，"中"，不要偏左面，也不要偏右面，终极意义上的"中"是消灭"二元"了，就中间那一个核心了，没左右，它就是"中"。就是没有知见在里面了，没有"你""我"，整体和局部的这种念头都没有了，那才叫真正地融入整体。"寂无所寂，欲岂能生"，从欲望的泥潭里跳出来，到达一种"空"。

到达"空寂"的时候，我们又要非常警惕进入"顽空"，就是追求的那个"空"。这个追求本身又是个"有"，然后再把这个追求的"空"破掉，然后就进入一种"寂静"的境界。所以真正的觉悟是一个赏赐，而不是追求，就是你做善做公益做到一定程度了，老天觉得该给你发红包了，它就会做出设计，奖励你。

由此，你就可以体会朱柏庐的境界有多高。他在这里其实已经应用了高级辩证法，"善欲人见，不是真善；恶恐人知，便是大恶"。在讲了非常高级的心法之后，他说："见色而起淫心，报在妻女；匿怨而用暗箭，祸延子孙。"请注意，虽然事实没发生，只要动念了，就有后果。又从世界讲到心界了。世界看事，心界看念。

"匿怨而用暗箭，祸延子孙"，于此，我们从历史上看到很多，秦桧的下场，李林甫的下场，莫不如此。人们用"口蜜腹剑"来形容李林甫，啥意思？对人嘴比蜜甜，却背后下刀子。结果呢？死的时候七窍流血。死了之后，杨国忠给唐玄宗奏了一本，说这个人当年想谋反，想夺你的江山。唐玄宗很生气，把李林甫的尸体从坟里挖出来，碎尸万段，把他的家人全部流放，是不是"祸延子孙"？

所以，古人最忌讳用"暗箭"，你恨我，你来打我两巴掌都行，但不要背后戳刀子，因为背后戳刀子是反"天道"反"地道"的，因为整个"天道、地道、人道"，奉行的是正大光明。

范仲淹就做得很好，人家子孙为什么那么发达？当年宰相吕夷简差点儿害死他，后来吕夷简生病了，范仲淹还去看望。范仲淹就是这样一个人，当年他也给吕夷简提意见，但是他不会背后捅刀子。当然，他也给皇帝说吕夷简的过错，但他提得光明正大。

第四十四讲　至乐余欢从何寻

接下来朱柏庐就讲到更大的格局了，他说："家门和顺，虽饔飧不继，亦有余欢。"把家训的主题突出出来了。突出讲两个字，一个是"和"，一个是"顺"，"饔"是早饭，"飧"是晚饭，就是说，如果一个人家门和顺，哪怕一日三餐都没了，但不影响他内心的快乐。

开始我们就讲，《朱柏庐治家格言》讲的幸福观是内涵式幸福观，是从内心散发出来的那种快乐和喜悦，而不是外在的东西带来的幸福和喜悦。如果不能激活内在的幸福感受力，不能培养出来知足之心、感恩之心，即便是活在金山银海当中，这个人也不会幸福。这就是内涵式幸福。

大家都知道，朱柏庐拒绝出仕，没有俸银，他的子孙后代就要靠耕读过上了自给自足的生活。所以，他要给子孙树立。一种"朱式"价值观、成功观、幸福观，那就是"家门和顺，虽饔飧不继，亦有余欢"，只要我"家门和顺"，没有过不去的困难，只要"家门和顺"，团结一致，这个家就有笑声。

"家门和顺，虽饔飧不继，亦有余欢。"从道理上来讲，一个家门真的"和"了，真的"顺"了，也不可能没有饭吃。和气生财，财富是能量变的。根据霍金斯的能量层级理论，当一个人内心充满和平时，其能级至少在四百级，顺就不用说了，既然顺，就不可能没饭吃。即便没饭吃，也是暂时的。

第二句："国课早完，即囊橐无余，自得至乐。""国课"就是上税，赋税，早早地交完税。"囊橐"，"囊"是大袋，"橐"是小袋儿，就是说，兜里面已经没多少钱了，我还是快乐的。请注意，这里朱柏庐通过两句话讲了两个字："忠孝"。为国尽忠，为家尽孝，"和"是孝，"上赋税"是忠。

从道德学的角度来讲，一个人为国纳税是不是大善？纳税是积福，偷税是损福，所以明理的人一定会照章纳税。古人讲"忠孝之家，子孙未有不绵远而昌盛者"。为什么呢？纳税利益的是国家，利益的是千万家。你帮了一家人，"出乎尔者，反乎尔者"，返给你的是一家人的感激、感恩和奖励。纳税给国家，是一个国的"出乎尔者，反乎尔者"，是一个国返还给你的奖励，成千上万倍地增值了。

在这里，朱柏庐把治家上升到国家层面，人生的意义，按地德来讲就是奉献，你纳了税，你已经在更高层面奉献了，已经在更高层面实现了人生的意义，怎么不快乐呢？这跟"教子要有义方"的"义方"就呼应上了。由此，把前面的认识论导入实践论，在家里去实践"和"和"顺"，在家里去实践"三餐不继"还能不能保持快乐，就像孔子困在陈蔡之地。

楚昭王聘请孔子帮助治理国家，孔子便去拜见，途中经过陈、蔡两国，陈、蔡两国的大夫聚在一起商讨说："孔子是一代圣贤，他所批评的，的确都是诸侯各国存在的弊病。如果他被楚国任用，那么我们陈、蔡两国就危险了。"于是，他们就派兵阻拦孔子。孔子一行被围困，不得前行，断粮七日，无法和外界取得联系，有时连野菜汤也喝不上，跟随的弟子都病倒了。这时候，孔子却十分镇定，依然情绪激昂地讲授诗礼，弦歌不绝。子路就很生气，说：

"君子也有穷困的时候？"孔子回答说："君子即使穷困，也能固守清高的节操，小人一旦穷困，就会胡作非为呀！"

在孔子看来，通达道理叫作通，不通达道理叫作穷。得道的人，通达时快乐，穷困时也快乐。

"饔飧不继"，还能一家人和和乐乐，这才叫真君子。而真君子组成的家庭怎不传之久远呢？怎不走出困境呢？困难一定是暂时的，它只是一个考验，只要你考过了，马上会有奖励。因为天道酬勤，天道酬仁，天道酬善，天道酬君子。"大德必得其位，必得其禄，必得其名，必得其寿"，《中庸》里面讲尽了。只要有德，你经历的一切困境都是考验而已，考过了，另一个更高级的境界、层面和课题就到来。

"国课早完，即囊橐无余，自得至乐"，让我们在面对财物的得失上考验自己。"锄禾日当午，汗滴禾下土。"辛辛苦苦种下的粮食，舍不舍得交给国家？是否心甘情愿地去交？缴纳时，动了一颗愿意为国奉献的心，你就得到生命的正反馈。好多人想做公益，结果条件不成熟，没做起来，很懊丧。我说别懊丧，你动念的那一刻，这事儿已经成了，事情落地不落地，那是缘分，但做公益的念你已经动了，而且是很真诚的念，生命已经收获了。

低维看事，高维看心。

请注意这两句话，前面用了个"欢"字，后面用一个"乐"字，人生不就是欢乐吗？而欢乐从何而来？"家门和顺"。欢乐从何而来？"国课早完"。"家门和顺"讲的是"和"和"顺"，"国课早完"讲的是"给"。而一个人能没有吝啬心地给，说明他的"自我"已经很弱小，"大我"已经很强大了，"利他心"已经很强烈了，请注意，作者用的是"国课"。

从反面来讲，既然是"国课"，如果我们不完成，那就是"偷"。偷了"国课"，欠账的对象就是国家，如果是将来用于十四亿人的，那就欠了十四亿人的账。欠了一个人的账，可以用一生来还，欠了十四亿人的账，那就难以还清了。所以，古人认为最严重的欠账就是逃税。人民群众需要教育经费、医疗经费、安家经费、扶贫经费、美丽乡村振兴的经费、科研经费，特别的是国防经费，需要每一个人尽义务。从这个意义上来讲，新中国很伟大，老百姓不用上税了，部分税收由实业家承担了，这是几千年没有过的。从这个意义上来讲，实业家是国之栋梁。人活不明白之前只为求财，活明白之后，家门和顺，"虽饔飧不继，亦有余欢；国课早完，即囊橐无余，自得至乐。"

这把朱柏庐的幸福观、快乐观讲尽了。

接下来朱柏庐讲，"读书志在圣贤，非徒科第；为官心存君国，岂计身家。"这就讲到更究竟处了。因为朱柏庐不出仕，不经商，就是个教书先生，他让他的家人过耕读生活，不可避免地，最后要讲读书和读书的初衷。大家也许会问，朱柏庐不做官，为什么在这里要讲做官呢？他不做官不等于他的学生不做官，他是为了守孝，因为他的父亲为了反清殉国，所以他不愿去做清朝的官。就像王裒为什么不响应司马父子，因为司马昭杀了他的父亲，所以"庐墓攀柏"。

"读书志在圣贤，非徒科第。"请注意，朱柏庐没有断然否定科第，而是说读书不仅仅是为了科第。王阳明十一岁在京师读书，曾问私塾老师："何为第一等事。"老师说："惟读书登第耳。"王阳明不认同，认为"登第恐未为第一等事，或读书学圣贤耳"。讲出了读书的更高境界。

"非徒科第"，强调的是主要的动机，主要的目的，主要的功用，重点在讲"为官心存君国，岂计身家"。

朱柏庐曾经讲过，如果一个人只读书，但不知行合一，不在生活中致用，那么这些人可以"以学术杀天下"，一个人读书只为科第，往往会异化读书的价值。

所以，他在这里强调，读书的最主要目的是提高人格境界，是为了做君子，是为了活明白，活醒来，找到安详，找到人生不需要条件保障的那个快乐，过内涵式的幸福生活。用经典来唤醒来激活那个本有的百分之百的快乐，但他没有排除它的"科第"功用。但这个强调很关键，他是心理暗示，他的学生读了这样的句子长大，考不上科第，学生会说，我的老师说了，"读书志在圣贤，非徒科第"，也不觉得丢人。

所以王阳明讲："世人以不得第为耻，吾以不得第动心为耻。"王阳明考量的是心动了没有。对本体来讲，中了第，做了官，也是这个本体，没登第，没做官，也是这个本体。就像太阳，男士我也照耀，女士我也照耀，年轻的我也照耀，老人我也照耀。这样的价值观暗示很重要，它提醒我们读书的核心价值是为了唤醒自己，跟圣贤共振。刘禹锡说："昔贤多使气，忧国不谋身。目览千载事，心交上古人。"读书的目的是跟上古人交心。

你看我们这几天的读书，不是为了科第，纯粹是为了快乐，我看大家现在读得快乐得不得了，这么一把年纪，还像当年做学生时一样读书，一想就乐，我们又焕发了学生的青春。读书的时候，你是不是又回到学生时代了？读书是最好的美容，最好的驻颜术，最好的养心，我们只有在学生时代才这样拿着一本书，而且站着齐读，心态就年轻了。心一年轻，皮肤也好啦，脸色也好啦，身体也好啦。因为古人讲："心物一元，身心一元。"

朱柏庐向往的境界是："荧荧残炪，喔喔鸡鸣，朗吟不辍，促席相随，非一朝之荣名是勉，乃千秋志节为期。"养千秋之气，为啥读经典有时候能解决问题，就这个原因。生命是有限的，与其看八卦娱乐节目，还不如读一遍经典。为什么要读书？养气、养心、养人格。

第四十五讲　读书为官当究竟

接下来朱柏庐讲："为官心存君国，岂计身家。"前面我们已经讲过一些典型人物，比如说郭子仪、范仲淹、王阳明、林则徐。

范仲淹著名的"三光"故事就很典型。

当年他因晏殊的推荐进京当了秘阁校理，这是个小官，但这个官很重要，能常常见皇帝，就像秘书处一样，这可是一个进步的好机会，谁想他上任不久，就开始给皇帝提意见了。那时候是仁宗皇帝。真宗去世时仁宗还小，真宗便将仁宗托付给刘皇后。刘皇后其实是一种垂帘听政的状态，国家大权在她手中。有一天，仁宗决定率领文武百官到前殿给刘太后祝寿，范仲淹觉得不对，别的大臣没有一个人出来说话，就他疏奏，前殿是朝廷议政的地方，不宜行祝寿之事。除此之外，范仲淹还疏请刘太后撤帘罢政，让仁宗亲政独掌朝纲。由于两次犯颜直谏，皇帝就只能给他颜色看，把他贬到河中府当通判去了。皇帝是真心贬他吗？当然不是，皇帝内心偷着乐，总算有个汉子出来替他说话了，他早不愿意太后垂帘听政了，都二十岁的人了，但是皇帝也要做给老妈看。

　　范仲淹第一次被贬出京。出京的时候，一帮朋友到京外设宴送行，称誉他"此行极光"，什么意思呢？说你这一次被贬出京极其光荣。

　　时间不长刘太后就死了，仁宗皇帝也太着急了，不到一个月把范仲淹调进京去了。这是能替他出气的一个人，肯定是自己人。而且给他的职务非常有意思，你范仲淹不是能进谏嘛，那我就给你一个专门进谏的官职，叫"右谏议大夫"，就是专门提意见的，可见仁宗皇帝也够胆大的。

　　宋朝那个时代对谏官是很尊重的，因为它重文轻武，范仲淹没有辜负皇帝的厚爱，真就提意见了。江淮一带起了蝗灾、天灾，老百姓受灾，范仲淹就上奏皇帝赶快赈济灾民，皇帝说那你去赈吧，就把他派去赈灾了。

　　范仲淹到地方一看老百姓没粮食吃，吃的野草。范仲淹赈完灾就拿了一把野草进京了。给皇帝说，皇帝呀，你尝尝这个草的味道，让后宫的嫔妃也尝尝吧。这就完蛋了，仁宗皇帝说你这是什么意思呀？老百姓的疾苦我又不是不知道，你还给我来这一招，一不高兴，又把范仲淹贬到睦州当知府去了。

到了睦州，范仲淹就给仁宗写信，这封信很感人，明明被贬了，还要写信感谢皇帝。其中有一句话很著名："臣非不知逆龙鳞者，掇齑粉之患；忤天威者，负雷霆之诛。"就是说，谁撞了龙鳞，就要被打成齑粉，犯了天威，肯定要遭到雷霆的诛罚，这臣是知道的，但是该说的，即使死也要跟您说，您也不要拿贬职来吓唬我。如果不说我的良心不安，也没有尽到谏官的责任，这是渎职。再深一层的意思，如果皇帝真明白，这是对你好，不是对我好，我知道这些利害关系，我不是傻瓜。范仲淹给我们很好地诠释了什么叫"为官心存君国，岂计身家"。

范仲淹的工作能力超强，到任后把睦州治理得很好，名声好得不得了。皇帝听说范仲淹不但没计较对他的惩罚，还干得很好，又把他调回京了，任判国子监。

按说范仲淹吸取前面的教训，这次应该飞黄腾达了，但是范仲淹仍然不改他的脾性。皇后姓郭，但是仁宗皇帝喜欢一个姓尚的妃子，这时候郭皇后又得罪了宰相吕夷简，吕夷简就撺掇仁宗皇帝把郭皇后废掉。范仲淹又开始上书了，说，你不能这样做呀，那是皇后啊，那是礼制啊。但是吕夷简这些大臣就进言说，郭皇后九年了还没有生孩子，理当废黜。那你想，得罪了皇帝，得罪了宰相，他的好日子就没了。

这个时候吕夷简就找范仲淹谈话，说，咱哥俩达成个协议，以后你就好好地干你的活儿，这国子监是很重要的岗位，而且国子监不该干涉人家后宫之事。范仲淹说，国子监是搞文化的，废后是极没文化的行为，我怎么不该管？这吕夷简没办法，就使了一招，让他当开封知府。当时的开封是北宋首都，吕夷简咋想的呢？他一旦当上首都一把手，就忙得没时间提意见了。没想到范仲淹把京城打理得比任何时候都好，好到什么程度呢？好多文人墨客写诗来赞美。就在这个时候发生了一件事，传言后宫有一个太监把郭皇后给毒死了，当然这肯定是有人指使的。范仲淹就开始不依不饶了，要见仁宗，说，你必须把这个太监给我处理掉，不处理不行。结果可想而知，范仲淹又被贬出京了。

这次出京的时候送的人已经不多了，但是还有人称誉他说"此行愈光"。第一次是极其光荣，第二次是更加光荣。

范仲淹在当开封知府的时候，就发现了个问题，吕夷简到处安排他的人，按道理这个应该是吏部的事情。范仲淹这个人也很有调查能力，就把吕夷简安排的人逐个调查了一遍，然后写了一个表格送给仁宗皇帝，就是说，这些人都是买官卖官来的。

这一下把吕夷简就给激怒了，吕夷简就以几条理由上奏，又把范仲淹给贬出去了。哪几条理由？最狠的一招就是范仲淹结党。宋朝皇帝最害怕结党。

既然吕夷简说范仲淹结党，请大家想一想，谁还敢再往城外送范仲淹？就没人送了，只有两个人送，一个是他的亲家，一个是他的堂弟，但这两个人还挺有诗意的，给他又"光"了一下，这次用的词是什么呢，"此行尤光"，就是尤其光荣。

这就是历史上盛传的范仲淹"三黜三光"，第一次是"此行极光"，第二次是"此行愈光"，第三次是"此行尤光"。

通过这三进三出，我们就可以看出范仲淹的人格魅力。在他的文集里，有一副对联，"进则尽忧国忧民之诚，退则处乐天乐道之分"。这两句对联的逻辑关系是非常深奥的。为什么他能够"进则忧国忧民"呢？因为他有一个"家底"，那就是"乐天乐道"。那些奸臣的"奸"在哪里？害怕得失，为什么害怕得失？没找到比得和失更快乐的东西。一个得失心重的人，是不可能真正爱国爱民的。为了手中的权力和财富不受损失，他就要做违心的事情。

大家再回想前面讲的那五句话："看破的糊涂，放下的拿起，清醒的睡着，给予的获得，无为的有为。"一个人没有"无为之心"，是很难有为的，一个人没有真正"放下"，是"拿"不起来的。把什么"放下"？把得失心先"放下"，才能把"尽职尽责"拿起来。范仲淹看上去被三贬三出，但是留下了千古美名，这不是"得"吗？留下了子孙的繁荣、昌盛、发达、绵延不绝，这不是"得"吗？"非一朝之荣名是勉，乃千秋志节为期"，这不也是讲范仲淹吗？

他们追求的不是一朝一夕的得失，而是千秋万代的品德和影响。林则徐为什么在流放伊犁前能写下"苟利国家生死以，岂因祸福避趋之"？为了国家利益，就不计较个人的祸和福了。文天祥呢？"人生自古谁无死，留取丹心照汗青。"视死如归。岳飞不也是这样吗？

到此，我们就知道，朱柏庐虽然不出仕，却是出仕人的老师，境界不亚于范仲淹。范仲淹写"居庙堂之高则忧其民，处江湖之远则忧其君"，朱柏庐讲"读书志在圣贤，非徒科第；为官心存君国，岂计身家"，一样的境界。

"苟利国家生死以，岂因祸福避趋之。"在读林则徐的这两句话的时候，我尤其感动，我特别能体会他的心境。这九年，带着志愿者办"寻找安详小课堂"，我的理想最终也是把它贡献给国家，把它开发成教程贡献给教育系统、文化系统，甚至让它走向世界。如果这套节目能走向世界，让《朱柏庐治家格言》走向世界，是不是爱国主义行动？如果节目被译向世界，那么我们也是为文化自信做了一份贡献，也是为中华文化在构建人类命运共同体的过程中做了一份贡献。

第四十六讲　安身立命之上乘

　　上一讲给大家分享了范仲淹的故事，感人吧？范仲淹被贬到饶州之后，他的一位好友梅尧臣给他写了一篇《灵乌赋》。以乌鸦为喻，劝范仲淹不要多管闲事。没想到范仲淹给他回信说"宁鸣而死，不默而生"。

　　王阳明也一样，当年宁王造反，多少人在给皇帝的奏章里都不敢明说宁王要造反，只是说南昌有变。为什么呢？大家担心，如果宁王反叛成功，如果他当了皇帝，奏章不都落在他手上了吗？那我们不是要被株连九族吗？但只有王阳明上奏，速报宁王谋反事。

　　王阳明在准备擒宁王的时候，给他的父亲王华写信，说你赶快躲一躲，他害怕宁王去对他的家眷下手。王华说："我也是一介老臣，如果宁王真要来，我跟他拼个鱼死网破。"有其父必有其子，有其子必有其父。王阳明在听到宁王造反的消息之后，他正在去福建处理军务的途中，就折回来，当时他没有一兵一卒，他要临时组建军队，面对已经精心准备了十年的宁王大军，没有勇气的人是要考量考量的。

但是，王阳明知道，如果他不果断行动，一旦宁王北上，明王朝可能就要完蛋，这且不说，老百姓要遭殃。即便是宁王进军南京，也会形成"隔江而治"的局面，也会把国家拖入长久的战乱。所以，王阳明就用智慧来策反，赢得时间，他知道宁王多疑，就写了好多信，指挥这一队兵马去擒王，指挥那一队兵马去擒王，然后让一些密使送信。这些密使被宁王截获，一看，这么多的擒王之师，他就疑惑了。

王阳明一边给宁王身边的谋士李士实等人写信，以表彰的口气说，皇帝感念你的忠诚，让你埋伏在宁王身边，现在你们立功的时间到了。让宁王对他身边的人产生了疑心，赢得了组建兵马的时间。果然，宁王生疑，拖了半个月，让王阳明准备就绪。半月之后，宁王果然按照王阳明判断的第二个方案进军南京。王阳明就在鄱阳湖用火攻打败宁王，并且生擒宁王。这个过程，只是描述而已，我们想一想其中的细节，那真是惊心动魄。

虽然说，王阳明成竹在胸，但是，谁能保证就万无一失？也是天助王阳明，宁王犯了一个战略错误，把战船连成一片，正好让王阳明用上火攻。还有一个原因，就是王阳明的学生给他弄来一个在当时十分先进的"火筒"，相当于"火炮"，一炮击中宁王的副舰，让宁王大军的军心大变。

从中我们也可以看到，学缘系统在王阳明带兵打仗过程中起到的作用。为他奋不顾身拼搏的、打仗的、冲杀的、最有力的全是他的得意弟子。通过王阳明生擒宁王的过程，同样地可以看到"读书志在圣贤，非徒科第；为官心存君国，岂计身家"。在国家的大危大难面前，他们都选择了舍生忘死，奋不顾身，这是中华文明忠义精神的体现。

之后，朱柏庐讲，"守分安命，顺时听天，为人若此，庶乎近焉"，《朱柏庐治家格言》就圆满了。在开篇的时候我就讲过，古人写文章，最重要的就是开题和结尾，回过头来看，开篇"黎明即起，洒扫庭除，要内外整洁。既昏便息，关锁门户，必亲自检点"，可以把它理解为人生的开端和结束，可以把它理解为一个家族的源远和流长，也可以把它理解为一个民族的起源、传承、发展。结尾，"读书志在圣贤"，近"圣"近"贤"，那就是近"天道"，前面已经埋下伏笔，"居身务期质朴，教子要有义方"，教子，"教"什么呢？教一个"义"，"义"的最高境界，前面讲了，是"人法地，地法天，天法道，道法自然"。

通过"人道"践行"地道"，通过"地道"实现"天道"，通过"天道"回到自然而然的宇宙本体。这个"分"，我们可以把它理解为"本分"，也可以理解为"天命"。做父亲的把父亲做好，做儿子的把儿子做好，做丈夫的把丈夫做好，做妻子的把妻子做好，做老板的把老板做好，做员工的把员工做好，各尽其分。按照每个人的自然属性，社会属性去完成他应该完成的天命。古人总结出来的，父要慈，子要孝，君要仁，臣要忠，这都是"分"。一个人回到"分"上，这个人就"安"了。社会是由三百六十行共同服务来运转的，每一个人在他的本位尽职尽责，就是"守分"。我们可以想象一下，宇宙飞船、动车、飞机，如果某一个螺丝钉出了问题，就会毁灭。所以，在一定意义上，"一"就是"义"，所以《中庸》里面讲"致广大而尽精微，极高明而道中庸"。怎么"极高明"，要走中庸之道，怎么"致广大"，要在精微处着手。

在这里，朱柏庐强调了局部和整体的关系。每一个家庭都能归位，都能和谐，整个社会就和谐。从大宇宙来讲，我们看到整个宇宙就是一个"守分安命"，太阳守太阳的"分"，月亮守月亮的"分"，地球守地球的"分"，这个宇宙才能保持它的和谐、稳定、长久。没有这种"守分"，我们在宇宙中生存就没有安全感。和大自然联系，"守分"也可以理解为小麦种子进入土壤，就长出来小麦，稻子进入土壤，就长出来稻子。小麦如果长成稻子，稻子如果长成小麦，那就不叫"守分"。所以，我们从大自然中可以看到各归其位，水守水道，火守火道，土守土道，金守金道，木守木道，这就是古人发现的木、火、土、金、水，各归其位，各尽其责，构成了美丽的人间。

如果按照时间来讲，比如说乾卦讲的初九，"潜龙勿用"，九二，"见龙在田"，九三，"终日乾乾，夕惕若厉"，九四，"或跃在渊"，九五，"飞龙在天"，不能越时而行，这就是"守分"。春种、夏长、秋收、冬藏，每一个季节有每一个季节的"分"。当一个人明白这个道理之后，他会依规则而行，依常识而行。

第二个板块是"安命"，可以从多个层面去理解。《中庸》讲"天命之谓性"，这个"命"，是有许多侧重点的。

比如说"性命"，古人讲，修命不修性，修性不修命都不能圆满，把"性"和"命"赋予不同的含义。这样的话，我们就知道"守分安命"的"命"主要是指一个人来到这个世界承担的责任性，这个人在这个生命周期，他是来完成什么功课的。

像孔子，到了晚年，发现他的天命原来是要当一个好老师，后期他就老老实实当老师了，就不周游列国了，不想着出仕了。而王阳明很明确地讲，立志做圣贤，愿望强烈到什么程度？新婚之夜老岳丈居然找不见新郎官，咋回事儿？在大街上跟一位老道一聊，聊上瘾了，聊进去了，把这一天他的身份给忘掉了，探索人生的奥秘到了这个程度。而后来，他渐渐地发现，他的天命"立功、立言、立德"里面重点在于建立"心学"，所以他最爱是讲学。因为他知道没有教化之风，宁王被生擒了还有第二个宁王，匪患平定了还有第二波匪患，因为人不"致良知"，肯定会犯错。这也可以联系前面讲的，何为人生的先，何为人生的后，何为人生的主，何为人生的次，也就是"命"。

当然，按照民间的说法，我们通常所说"命"，还指的是"宿命"，就是我这一辈子干吗，那是老天注定的，

"宿命"也可以帮助我们理解"命"。但是，我们学了传统文化就会知道，"命由我作，福自己求"，命运也是可以改变的。古人认为，一个人的自我认知，其实就是了解自己的"命"。学了传统文化之后，我们就会对"命"从三个层面去理解，那就是低等凡夫抗拒命运，高等凡夫认命，圣人改造命运。

第四十七讲　守分安命该何解

一个人什么时候才能真正认识自己的"命"呢？前面讲过，学习传统文化，从学会看"缘分"开始，"缘分"可以帮助我们认识自己的"命"。孔子原来想出仕，想帮这个国王治理天下，帮那个国王治理天下，走了一圈儿没成功，自己嘲笑自己"如丧家之犬"。后来安住下来教书了，一下子找到感觉了，编著"六经"，一下子找到感觉了，这就是缘分。王阳明对湛若水讲，他当年浪费了许多时间，沉溺于游侠、词章、神仙学、道学、佛学，后来才找到了真正的"命"，那就是建立"心学"。通过前面的探索、探索、再探索，十三岁就给朝廷上表，讲如何治理边防、强化国防，也是在探索。但后来呢，他慢慢地知道，此生是来干吗的呢？建立"心学"。

我个人也是不断地认识自己的"天命"，认识自己的"使命"。我的第一学历是师范，毕业后应该是个小学教师。那时候，因为信息封闭，我们认为考学就是考固原师范。到了学校，才知道这是培养小学教师的。我考了将台中学第一名。在固原师范上学时，发表了一篇小稿子，点燃了作家梦，收到四块钱稿费，心想这还能赚钱呢，还可以养活自己。后来又调到杂志社当专业编辑，走上了半专业创作的道路，从而认识到自己的天命应该是成为一名作家，这就慢慢明确了。

　　在获得鲁迅文学奖之后，发现缘分又变了，生活中发生的一些事，家庭发生的一些事，社会上发生的一些事，促使我开始寻找新的使命——做志愿者，创办"寻找安详小课堂"，帮助中央电视台做大型纪录片《记住乡愁》，包括解读《弟子规》，解读《朱柏庐治家格言》。

　　我现在不知道是否找到了此生究竟的"天命"，下一步怎么发展，但已经很明确，那就是哪一个方向有利于最大限度地为人民服务，就是我的"天命"，哪一个方向有利于我最大限度地报效国家，就是我的"天命"。孔子讲"五十知天命"，我今年已经五十五了，我常开玩笑，五十五就要觉悟，为啥呢？两个"悟"，就是让你觉悟、觉悟，如果五十五还不觉悟，那就对不起"天命"，我也希望我到耳顺之年的时候真的能"耳顺"。

从这个意义上来讲，我们也可以理解什么叫"守分"，什么叫"安命"。我去年为什么要辞去银川市文联主席的职务，这也是对"天命"的认知，在其位就要谋其政，因为你的重心已经不在对一个单位的管理了，那就让更有热情的人去管理。我现在经常自嘲，我说王阳明一生最爱是讲学，我现在也有点这个味道。中国的作家千千万，能在这里录节目的作家还比较少，所以，这可能就是我的不可替代性。这样，我就不断地找这个不可替代性，找、找、找，找那个最大公约数，我就知道应该干什么。

当然，首先要是自己的兴趣所在，如果没有兴趣，也是走不远的。现在，我对讲课，对办"小课堂"，对拍摄《记住乡愁》有兴趣，而且兴趣很大，感觉这样活着，每天很有意义，觉得帮人的快乐是任何快乐无法比拟的。所以，我曾经"改装"过一副对联，"帮人之外无闲事，天地之间一快人"。原对联是"读书之外无闲事，天地之间一快人"。

越帮人越快乐，越快乐越帮人，每天活在为他人着想上，首先不会得抑郁症，不会焦虑。我常开玩笑，我们家现在是"快递公司"，只要谁要书，就快递。为啥？希望早一天帮到人。原来我会算经济账，一般的快递发到全国四五十块钱，现在我不算这个账了，我算的是时间账、生命账、生命价值账，一个月下来我也没细算，估计发快递也在两三千块钱左右，就这样，一天活着很充实，这就是我对我的"天命"的寻找。

原来当作家的时候也有快乐，文章发表了，上《人民文学》，获奖了，也很快乐，但时间不长久，获奖的那一阵阵很快乐，在创作的过程中也有快感，但不像现在帮人这样更快乐。当然，我也希望将来能静下来再写一部长篇，把我这些年帮人，办"寻找安详小课堂"这些素材能写进去，那是后话，但我有可能把重点放在写自传上。因为后人不会从小说里找榜样，他会从自传中找榜样。

"守分安命，顺时听天"，这个"时"，我们可以通过组词理解，比如说，时令、时节、时运、时代。林则徐曾讲过一句话："时运不济，妄求无益。"就是一个人的时运没到，你怎么去干，都成功不了。这是林则徐的理解。有没有道理呢？有一定的道理。因为"基本工资"的能量不够，在"岗位津贴"积攒能量，会有效果，但如果力度不大，是很难完成你的"天命"的。

朱柏庐讲的"顺时听天"，主要是"时运"，但是我常讲，学经典要学它的精神，要举一反三。我个人愿意把第一个"时"讲成是时令，那就是大自然的节奏，顺应大自然的节奏去生活，效仿大自然的节奏去生活，该播种的时候播种，该浇水的时候浇水，该培肥的时候培肥，该收获的时候收获。首先顺应时令，从养生和健康学的角度来讲，这也是对的。《黄帝内经》中讲："食饮有节，起居有常。"就是顺应大自然的规则。

从时运来讲，一个人的流年，它也是一个季节，比如说王阳明的一生，看他的年谱，我们做一个归纳和总结，也会看得很清楚，他的命运从龙场就转折了，从心学的角度，转折点也在"龙场悟道"。悟道之后跟悟道之前，就是两个"时"两个"运"，而他的大缘分出现，是以王琼举荐他为南赣汀漳巡抚开始，一下子就"或跃于渊"了。

你做官，左一下不顺，右一下不顺，撞上这么几次，你就要考量，就要选择新的缘分。当然我们也要学习曾国藩，科考考六次也不放弃，到第七次考中，学习他父亲考十七次，这另当别论。一般情况下，我们要学会看哪一个方向在你的兴趣点上缘分更顺畅，因为时运，它会帮助你进行自我评价，你做的这个事情是不是国家的刚需，是不是能帮国家解决问题，是不是你的不可替代性。

而从国家和民族的角度来讲，也有它的"时"和"运"。现在中华民族到了最好的时代。不要说国家和民族，就是一部经典，也有它的时运。我为什么决定讲《弟子规》，讲《朱柏庐治家格言》？因为我看到习近平总书记号召我们要重视家庭建设，注重家庭、注重家教、注重家风。而且他强调："不论时代发生多大变化，不论生活格局发生多大变化，我们都要重视家庭建设，注重家庭、注重家教、注重家风。"所以，我们录制这样的节目，就带有响应性。

现在我们学习习近平新时代中国特色社会主义思想，在这个思想的指导下，大家能坐在一块儿观看一下《朱柏庐治家格言》的解读，让家庭和顺，"家门和顺，虽饔飧不继，亦有余欢；国课早完，即囊橐无余，自得至乐。"今天不存在三餐没饭吃的问题，既有饭吃，还有余欢，那就更欢。现在国家减免百姓的税收，不存在"国课早完"，那就更加乐，双倍的乐，这就是社会主义制度下老百姓从未有过的幸福生活。

在党和国家已经把老百姓的生活问题解决之后，下一步应该增强人民群众的精神力量，提高人民群众的幸福指数，特别是来自内心祥和、感恩、敬畏和爱带给他们的幸福感，这就是我们现在要顺的"时"。所以，我们遇到了一个一定意义上来讲千载难逢的好机会、好时代，中华民族的崛起指日可待。

第四十八讲　顺时听天妙难言

　　"天"是中国哲学中一个可以指向不同层次的概念，我们可以把它理解为第一推动力，也可以理解为第一制约力，它具有中华民族朴素的哲学印记、道德印记、伦理印记。"顺时听天"听什么？听第一逻辑、第一规则。也可以把它理解为老子讲的"人法地，地法天"的那个"天"，也可以把它理解为"道"。它在不同的哲学体系里面、文化体系里面，有着不同的内涵和外延。总之，它是一个形而上的存在。

　　从"人法地，地法天，天法道，道法自然"，我们也可以从中逆推认识"天"。那"天"是什么？"天"就是合道的人和人心。而中国人往往把"天"人格化，古代社会把皇帝叫"真龙天子"，已经人格化了。范仲淹说"臣非不知逆龙鳞者，掇葅粉之患；忤天威者，负雷霆之诛。理或当言，死无所避"。这里讲的"天威"是带有人格性的。我们在危难中常常喊一声"天啊"，大家说是人格性的还是非人格性的？肯定是人格性，就像我们喊"娘啊"一样。

把这四个字联系起来看，"守""安""顺""听"，你就觉得意味深长。先是"守"，带有被动性、强迫性，"安"就慢慢地进入主动性了。当你顺时的时候，心就是顺的。河流的特点就是顺，所以中国人讲孝顺、孝顺，你孝了就顺了，命运也顺，日子也顺，尤其是你的心气顺。你的心气顺，你就好看，你就美丽，你就年轻，你就漂亮。因为中国人组词是非常智慧的，孝顺、孝顺，孝顺老人其实是顺自己。顺利、顺利，只有顺才有利，没有顺就没有利。

我们从三维空间就可以做出推理性的想象。坐飞机，"呜——"上了云层，到云层之上，你的感觉跟云层下面的感觉就不一样了，没烦恼了，心里很清亮，空空的。所以我说只有"高"才有"空"。三维空间都这样，何况四维、五维，何况趋于无穷大的那个维！我们只有到达那个趋于无穷大的那个维，才是真正的"天人合一"。

古人说一个人有十一层梦境，就是梦见自己在做梦，大家肯定有这样的体会，梦见自己在做梦。醒来啦，说我醒了，原来还是在梦中，就像剥洋葱一样，剥掉一层，还有一层，剥掉一层，还有一层，裹着我们。

由此，我们对"天"就可以从不同的哲学层面去理解它，因为中国文化是感性文化、比喻文化、比象文化，它不像西方哲学那样分科、分层，不像西医一样，一个科室一个科室，中国人不是。中国人放调料也是，胡椒少许、盐少许、辣椒少许，少许到什么程度，它是模糊概念。所以，这个"天"，给了我们无限的想象空间。

我们在生活中让孩子去祭祖、祭月、祭日，按照二十四节气去生活，就是从时令角度，暗示孩子这个宇宙还有一个形而上的存在，那就是"天"，目的是增强他的敬畏感，让他对生命负责任。为此，中国人对"天"做了许多引申，平常说，爸爸是你的"天"，妈妈是你的"地"。如果你对爸爸不孝顺，"天"就不高兴，如果你对妈妈不孝顺，"地"就不高兴。

这样，时间长了，就会增强他的反省力，也就是《朱柏庐治家格言》讲的"既昏便息，必亲自检点"的"检点"的心。有没有必然联系咱先不说，但我们给他建立一套想象力，让他节制自己、反省自己。然后再看这些名词，

"分""命""时""天"，这个"分"带有一定的社会性，也带有一定的被动性。到了"命"就抽象一些了，要我们通过缘分去看。到了"时"，到了"天"，就更加接近大宇宙。从"分""命"到"时""天"，就从小宇宙向大宇宙做了一个递进。

在这里，朱柏庐用了八个字，把《朱柏庐治家格言》从家训的日常性推向哲学性。我们也可以把血缘意义上的小家庭推进为家族意义上的大家族，推进到一个国，推进到一个族，推进到天下，这样的地缘意义上的链条。我们也可以从"寻找安详小课堂"的一个一个课堂，把它推进为一个一个学术传统，就是前面讲过的学缘意义上的小单位、中单位、大单位；也可以推广为三大系统，也有它的"分"，也有它的"命"，也有它的"时"，也有它的"天"。

我们能否给人类提供获得感、幸福感、安全感？一定的！因为你看"时"看"运"，老天都来帮助中华民族。看缘分，"得道多助，失道寡助"，中华民族现在确实多助，为什么？我们在"合道"，因为它符合"地德"，符合"天德"，符合"道德"，符合"自然而然"的这个"德"。

这个时候我们就知道，小家其实就是大家，因为大家是由无数的小家构成的，每一个小家建设好了，我们就是为中华民族伟大复兴做贡献了。这就是中华民族的"守分安命，顺时听天"。

就人类来讲，也是到了它特定的"分"上，特定的"命"上，特定的"时"上，特定的"天"上。因为人类要想永续，肯定不能爆发核战争，肯定要控制碳排放，肯定要防止两极冰雪融化，肯定要保护大气层。所以下一个历史时期，人类要面对的课题，又是我们人类的"分"，人类的"命"，人类的"时"，人类的"天"。如果大家都守这个"分"，都守这个"命"，都顺这个"时"，都听这个"天"，会携手走向未来，否则，结果大家都看得清楚，因为未来的战争已经没有胜负。那么这个时候真正的国防力量，除了本意上的国防力量之外，文化的力量就更重要。

那么，这个社会是以家庭为单元运转好呢，还是以社区为单元运转好？是家庭养老好呢，还是养老院养老好？这也存在着"天时""地利""人和"的选择。这个时候，人类再做选择，老天一定也会把最好的缘分配置给中华民族。这时，我们再来理解文化自信是最基础、最广泛、最深厚的自信，那就不仅仅是一个认知，它的基础性、广泛性、深厚性，就感同身受。

再回过头来看"为人若此，庶乎近焉"。朱柏庐写到这儿，显然是把家训从齐家、治国、平天下，回收到主体化，缩小到修身上了。家庭是社会的细胞，而人是家庭的细胞，他这个认知是很清晰的。因为朱柏庐拒绝出仕，不做官，在这里，他把读书、生活、生命更多地理解为完成他的"天命"，就像稻盛和夫说的，"希望我走的时候比我来的时候灵魂更高尚一点"。稻盛和夫的侧重点是生存、生活的本意是什么。这就是生命意义上两个字：进步！我们是真进步了，还是退步了？

朱柏庐跟李毓秀有异曲同工之妙。李毓秀说"圣与贤，可驯致"，朱柏庐说"为人若此，庶乎近焉"。朱柏庐说"读书志在圣贤，非徒科第；为官心存君国，岂计身家"。他把建功立业本质化，到"守分安命，顺时听天，为人若此，庶乎近焉"。那"读书志在圣贤，非徒科第；为官心存君国，岂计身家"，这是指的一部分人。到"守分安命，顺时听天"，变成普遍性。最后再回到内涵，就是回到人本身。可见朱柏庐一定是一个对心性修养有着很深造诣的智者。"为人若此，庶乎近焉。"那我们就接近真理了，接近圣贤了，接近我们的"天命"了，就可以对生命做一个交代。

这样，我们回头看"黎明即起，洒扫庭除，要内外整洁。既昏便息，关锁门户，必亲自检点"，他又做了一个完美呼应，到这里就"整"了，就"洁"了，结尾"为人若此，庶乎近焉"，我们基本上可以拿九十九分了，接近于一百分。

通过以上四十八讲，我们把《朱柏庐治家格言》简略地做了一个介绍，从它的字面意义和延伸意义做了一个解读。我个人认为这是朱柏庐给中华优秀传统文化体系、家风文化体系做的重要贡献。在今天，我们怎么让千千万万的百姓用起来？大家可以从这几个层面去实践：首先多听，以不同的形式去多听这一套讲解，可以在传媒平台上听，也可以以家庭为单位学习，以社区为单位，以网络平台为单位进行学习。总而言之，实践是非常重要的，也可以结合五十二集《郭文斌解读〈弟子规〉》来推进。希望我们共同努力，做出"知行合一"的典范。

弘扬家风文化，我们一定要紧扣时代脉搏。在做这套节目的时候，我一直在强调我们学的是《朱柏庐治家格言》的精神，所以，应该举一反三，把它的精神性演绎给大家。

附录 《朱柏庐治家格言》(原文＋拼音)

朱用纯

lí míng jí qǐ　sǎ sǎo tíng chú　　yào nèi wài zhěng jié
黎明即起，洒扫庭除，要内外整洁；

jì hūn biàn xī　guān suǒ mén hù　　bì qīn zì jiǎn diǎn　yì zhōu yí
既昏便息，关锁门户，必亲自检点。一粥一

fàn　dāng sī lái chù bú yì　　bàn sī bàn lǚ　héng niàn wù lì
饭，当思来处不易；半丝半缕，恒念物力

wéi jiān　yí wèi yǔ ér chóu móu　wú lín kě ér jué jǐng　zì
维艰。宜未雨而绸缪，毋临渴而掘井。自

fèng bì xū jiǎn yuē　yàn kè qiè wù liú lián　qì jù zhì ér jié
奉必须俭约，宴客切勿留连。器具质而洁，

wǎ fǒu shèng jīn yù　　yǐn shí yuē ér jīng　yuán shū yù zhēn xiū
瓦缶胜金玉；饮食约而精，园蔬愈珍馐。

wù yíng huá wū　　wù móu liáng tián　sān gū liù pó　shí yín dào
勿营华屋，勿谋良田。三姑六婆，实淫盗

zhī méi　　bì měi qiè jiāo　fēi guī fáng zhī fú　tóng pú wù yòng
之媒；婢美妾娇，非闺房之福。童仆勿用

jùn měi　qī qiè qiè jì yàn zhuāng　zǔ zōng suī yuǎn　jì sì bù
俊美，妻妾切忌艳妆。祖宗虽远，祭祀不

可不诚；子孙虽愚，经书不可不读。居身务期质朴，教子要有义方。勿贪意外之财，勿饮过量之酒。与肩挑贸易，勿占便宜；见贫苦亲邻，须加温恤。刻薄成家，理无久享；伦常乖舛，立见消亡。兄弟叔侄，须分多润寡；长幼内外，宜法肃辞严。听妇言，乖骨肉，岂是丈夫？重资财，薄父母，不成人子。嫁女择佳婿，毋索重聘；娶媳求淑女，勿计厚奁。见富贵而生谄容者，最可耻；遇贫穷而作骄态者，贱莫甚。居家戒争讼，讼则终凶；处世戒多言，言多必失。毋恃势力而凌逼孤寡，勿贪口腹而恣杀生禽。乖僻自是，悔误必多；颓惰自甘，家道难成。狎昵恶少，久必受其累；屈志老成，急则可相依。轻听发言，安知非人之谮诉，当忍耐三思；因事相争，焉知非我之不是，须平心暗想。施惠勿念，受恩莫忘。凡事当留余地，得意不宜再往。人有喜庆，不可生妒忌心；人有祸患，不可生喜幸心。善欲人见，不是真善；恶恐人知，便是大恶。见色而起淫心，报在妻女；匿怨而用暗箭，祸延子孙。家门和顺，虽饔飧不继，亦有余欢；国课早完，即囊橐无余，自得至乐。读书志在圣贤，非徒科第；为官心存君国，岂计身家？守分安命，顺时听天。为人若此，庶乎近焉。

后记　只有"保家"，才能"卫国"

　　十三年的志愿者经历，让我深刻地认识到，只有"保家"，才能"卫国"。

　　记不得是哪一年了，在一次关于家风演讲后的分享环节，有位家长说，我都没有了家，还谈什么家风。这句话深深地刺痛了我。我怔怔地看了她一会儿，说，您之所以没有了家，也许正是因为家风缺失。她深思了一会儿，泪水夺眶而出。还有一次，到一所监狱给未成年服刑人员讲课，当我讲到母爱时，不少孩子哭了，哭得很伤心，让我心里特别难受。课后，监狱长告诉我，这些孩子，不少生下来就没有见过母亲。

　　渐渐地，我就有了讲一套家风课的想法。

　　2015年2月17日，习近平总书记在春节团拜会上发表重要讲话，指出："不论时代发生多大变化，不论生活格局发生多大变化，我们都要重视家庭建设，注重家庭、注重家教、注重家风，紧密结合培育和弘扬社会主义核心价值观，发扬光大中华民族传统家庭美德，促进家庭和睦，促进亲人相亲相爱，促进下一代健康成长，促进老年人老有所养，使千千万万个家庭成为国家发展、民族进步、社会和谐的重要基点。"2016年12月12日，习近平总书记在会见第一届全国文明家庭代表时讲道："中华民族历来重视家庭。正所谓'天下之本在家'。尊老爱幼、妻贤夫安，母慈子孝、兄友弟恭，耕读传家、勤俭持家，知书达礼、遵纪守法，家和万事兴等中华民族传统家庭美德，铭记在中国人的心灵中，融入中国人的血脉中，是支撑中华民族生生不息、薪火相传的重要精神力量，是家庭文明建设的宝贵财富。"

至此，录制一套家风课程的想法就更加强烈。

真是心想事成，2020年底，海口电视台再次邀请我主讲一套类似于《郭文斌解读〈弟子规〉》的人文节目，我欣然答应。于是，我就在历史上比较著名的家训中寻找，最后选定《朱柏庐治家格言》。之所以选这部家训来讲，出于以下考虑：

首先因为它是一部平民化的家训。朱柏庐因父亲殉国，效仿东晋的王袤，不再出仕，他对后代的激励就侧重于在平常生活中寻找安详，体会幸福，而非通过科举，出人头地。其次，其篇幅不长，易于传播。还有一点，就是文辞特别优美。

决定要讲它之后，我就请一位书法家把它写下来，悬挂在客厅，每天背诵。一边背诵，一边备课。和《郭文斌解读〈弟子规〉》一样，录制时，我没有拿任何讲稿，坐在镜头前，讲了五天，剪辑出来，正好四十八集，每周播出一集，正好一年时间。也许正是因为没使用讲稿，用现场感来讲，代入感就相对强一些。

说来也巧，节目刚录完，《家庭教育促进法》出台，我和北师大中华文化教育研究院做了一次直播，在线留言四千条，可见大家对这部法律的关注。从新闻中，我看到，这部法律从酝酿到出台，用了十年时间，足见完成这部法律的难度。家庭建设如何适应时代，如何为当代人所接受，难度之大，可想而知。

让我感动的是，这四十八集节目，得到了"学习强国"学习平台总编刘汉俊先生的认可，平台每天上传一集，分四十八天上传完毕，第一集当日浏览量过五十万人次，点赞过三万次。

后来，"寻找安详小课堂"把它作为师资班的教程，效果很好。一位朋友参加学习后给我发信息，说他如果早点学习这套课程，就不会经历那些磨难。说明他经历的磨难，是可以通过改变认知规避的；一位领导干部参加学习后说，这套课程让他更加理解了中央八项规定的意义，也让他明白了今后该如何讲党课；等等。这些反馈，给了我很大鼓舞。

自节目在"学习强国"学习平台发布，读者就一再问同名书什么时候出版，但因为我调理了一年身体，最近才把志愿者整理出来的口语稿改为书面语并交给出版社，真是抱歉。

让人欣喜的是，《郭文斌解读〈弟子规〉》2022年4月由百花文艺出版社出版发行以来，截至目前已经有十次重印，作为它的延伸实践书，《郭文斌解读〈朱柏庐治家格言〉》更加聚焦家庭、家教、家风，但愿能像《郭文斌解读〈弟子规〉》一样，得到读者朋友的认可。

再次感谢宁夏人民出版社以精装形式出版此书，感谢为本书问世付出心血和爱心的所有仁者，更要感谢朱柏庐先生。

2025年5月16日